数字钻进技术
原理与实践

王玉杰　曹瑞琅　冯上鑫　赵宇飞　编著

 中国水利水电出版社
www.waterpub.com.cn
·北京·

内 容 提 要

本书系统介绍了中国水利水电科学研究院依托大量工程实践建立的新的数字钻进技术（Digital Drilling Technology，DDT）软硬件系统和理论方法。本书主要内容包括数字钻进技术的基本原理、机械破岩方法、软硬件系统、不同破岩方式下（旋切破岩、研磨破岩、冲击破岩）机-岩参数映射关系，以及系列工程应用等最新研究成果，将对提升岩体认知水平与工程勘察技术、引导钻探产业数字化和升级等起到积极推动作用。

本书可作为地质勘探、水利水电工程技术人员和相关专业师生的参考用书。

图书在版编目（CIP）数据

数字钻进技术原理与实践 / 王玉杰等编著. -- 北京：中国水利水电出版社，2024. 11. -- ISBN 978-7-5226-2789-2

Ⅰ. P634.5-39

中国国家版本馆CIP数据核字第2024E7V668号

书　　名	**数字钻进技术原理与实践** SHUZI ZUANJIN JISHU YUANLI YU SHIJIAN
作　　者	王玉杰　曹瑞琅　冯上鑫　赵宇飞　编著
出版发行	中国水利水电出版社 （北京市海淀区玉渊潭南路 1 号 D 座　100038） 网址：www. waterpub. com. cn E - mail：sales@ mwr. gov. cn 电话：（010）68545888（营销中心）
经　　售	北京科水图书销售有限公司 电话：（010）68545874、63202643 全国各地新华书店和相关出版物销售网点
排　　版	中国水利水电出版社微机排版中心
印　　刷	天津嘉恒印务有限公司
规　　格	170mm×240mm　16 开本　9 印张　176 千字
版　　次	2024 年 11 月第 1 版　2024 年 11 月第 1 次印刷
定　　价	**70.00 元**

序

  众所周知，现在科学技术依旧是"上天容易而入地难"，如何提供可靠的技术手段，让工程师们接触式、原位且连续不断地测量岩土体力学强度和空间分布依然是地质和岩土工作与研究的前沿课题。钻孔是岩土工程中一项最常见和具有悠久历史而且也是非常重要的工程技术，人们早已认识到钻孔过程中的钻具响应信息是与岩土力学性质密切相关的，即钻孔本身也是一种可靠且不影响钻进工艺的原位测试方法。然而，国内外公开文献中利用成熟的钻进过程监测技术进行岩土力学性质测量的相关报道相对较少。

  近三十年来，我一直进行着监测钻探研究和开发项目，并成功地研制出了一台钻孔过程监测仪（Drilling Process Monitoring，DPM），它可自动地、客观地、连续不断地记录和监测钻孔或钻探的全部动力和运动过程，并实时测量出岩土力学强度和质量随单孔钻进深度的变化。这项 DPM 新技术分别于 2003 年和 2005 年获得美国和中国的发明专利，相关技术成果发表在《国际岩石力学和采矿科学杂志》和《岩石力学与工程学报》。同时 DPM 技术在研发过程中得到了英国帝国理工学院 Professor Burland J B、中国科学院陈祖煜院士等行业学者的认可，其中陈祖煜院士在 2005 年 3 月出版的《岩石边坡稳定分析——原理、方法、程序》中认为"DPM 代表了一个正确地进行边坡稳定分析和加固设计的方向"。

  受陈祖煜院士推荐，中国水利水电科学研究院王玉杰正高对钻进过程监测技术产生了极大兴趣，近几年来，他们团队在 DPM 技术的基础上进行了理论、设备和数据处理等方面的革新，并在吉林引松供水工程、云南德厚水库等工程中开展了应用，积极推动了此项技术的发展。他们建立的数字钻进技术（Digital Drilling Technology，DDT）软硬件系统和理论方法体系经受了工程实践的考验，是真正地"把论文写在祖国大地上"。

　　该书系统总结了随钻技术的基本原理、机械破岩方法、软硬件系统、机-岩参数映射关系和工程应用等最新研究成果，将对提升岩体认知水平与工程勘察技术、引导钻探产业数字化和升级等起到积极推动作用。由于机-岩信息感知的复杂性，在后续理论发展和工程实践中，还需要进一步积累实用经验，从理论、硬件和程序等方面全面完善和提升随钻技术，未来发展任重道远。可以说，将高科技方法和手段应用于岩土工程和地质灾害防治研究才刚刚开始不久。

岳中琦

2024 年 4 月

前　言

　　工程岩体特征定量描述是岩土工程得以安全、有效，以及合理建设的基础，也是理论和实践中亟待解决的关键科学问题。岩土工程通常将现场钻孔作为常规勘测手段，钻孔过程中钻具与岩体直接接触，机-岩信息互馈机制使钻具响应信息能综合反映岩体力学特征。利用高精度数字传感器和采集仪自动、连续和准确地实时获取岩体钻进过程中的钻进位移、钻进时间、钻进压力、旋转转速、钻进扭矩以及电流等海量钻具响应信息，通过极限平衡和能量守恒原理可充分挖掘和解译数据中隐藏的大量地质信息。因此，随钻测量被认为是一种可靠且不影响钻进工艺的原位测试方法，可用于测定岩体强度参数和评价岩体结构空间分布特征，能为地层界面识别和围岩级别划分提供重要依据。

　　随钻测量技术最初应用在油气井勘探与开发领域，主要是探究井下液体化学成分和物理性质，通过监测数据判断钻具运转与井下地质状况。岩土工程领域要求随钻测量获取更多元和更精细的数据，而随钻测量仪器按照钻孔深度记录的钻进数据存在因随机波动而难以辨识和数据量巨大等问题，导致建立钻进数据和地层岩体特征随钻进深度变化的映射关系异常困难。为解决此问题，香港大学岳中琦教授将时间序列分析方法应用到钻孔数据监测中，提出了识别工程岩体质量特征的现场钻孔过程技术自动监测系统，在该问题上取得了进一步突破。

　　尽管随钻测量技术经过几十年发展，已经逐渐成熟，但海量钻具响应数据的实时监测和分析受制于软硬件能力欠佳和工程造价高昂。长期以来，除石油天然气等超深钻探开展钻具响应信息采集外，多数行业尚未大量涉及，仅有尝试性的科学试验，造成了数据资源的极大浪费。

　　近年来人工智能、通信技术、物联网、大数据以及深度学习技术等迅猛发展，逐渐解决数据化和信息化关键软硬件瓶颈问题，将为随钻测量技术广泛的工程应用提供新契机。在前人研究基础上，中国水利水电科学研究院创新团队依托大量工程实践，建立了新的数字钻进技术（Digital Drilling Technology，DDT）软硬件系统和理论方法体系。在硬件系统层面，研发了多通道数字钻进数据采集仪，经过工程实践不断优化完善，数据采集精度和稳定程度等均有突破，大大提升了硬件系统的耐久性和易用性；在软件系统层面，开发了数据处理软件系统，通过人机交互实现了海量钻进数据的清洗、滤除、连接和计算等功能，同时实现了二维、三维数据的渲染和空间展示；在钻进理论层面，提出了钻进过程指数、切深斜率和单位体积钻进能量等岩体特征评价新指标，建立了通过数字钻进过程确定岩体完整性、单轴抗压强度和磨蚀性参数的新方法；在工程应用层面，实现了在广西大藤峡水利枢纽工程、云南德厚水库、吉林引松供水工程、四川拉哇水电站、新疆奴尔水库、西藏 DY 水库等重大水利水电工程中的成功应用。目前已经开展的应用方向涉及岩体完整性、地层可灌性、振冲碎石桩密实度检验以及 TBM 掌子面超前探测等，在不干扰现行钻进工艺和不增加现场勘察工作量的前提下为实现岩体参数和质量快速测定提供了一种新手段。

本书系统总结了数字钻进技术的基本原理、机械破岩方法、软硬件系统、机-岩参数映射关系以及系列工程应用等最新研究成果，将对提升岩体认知水平与工程勘察技术、引导钻探产业数字化和升级等起到积极推动作用。尽管如此，由于机-岩信息感知的复杂性，在后续工程应用中，还需要进一步积累实用经验，从理论、硬件和程序等方面全面完善和提升数字钻进技术，未来发展任重道远。

在数字钻进技术研究过程中，得到了香港大学岳中琦教授、中铁工程装备集团有限公司、中国水电基础局有限公司、北京三德金属加工有限公司和北京积健科技有限公司的支持和帮助，作者谨向他们表示诚挚的谢意。

书中难免存在不足之处，敬请读者批评指正。

作者

二〇二三年二月于北京

本书主要符号说明

A	钻机油缸作用面积（cm^2）
A_q	钎杆断面面积（m^2）
A_σ	应力标定系数
a、b、c	常系数
C	应力波速（m/s）
CAI	岩石磨蚀性指数
DPI	钻进过程指数
d	钻头贯入岩石的深度（m）
E	弹性模量（GPa）
E_B	钻头底面摩擦消耗的能量（kJ）
E_C	钻进过程中消耗的能量（kJ）
E_p	冲击活塞能（kJ）
E_R	钻进耗能（kJ/m）
E_μ	钻头侧面摩擦消耗的能量（kJ）
E_s	凿岩耗能（kJ）
F	钻进压力（kN）
F_{avg}	完整岩石的钻进压力的平均值（kN）
F_N	岩样对钻头地面的法向压力（kN）
F_n	垂直向压力（kN）
F_{max}	凿入力峰值（kN）
f	凿岩频率（Hz）
f_c	岩样对钻头侧面切向摩擦力（kN）
f_N	岩样对钻头地面的切向摩擦力（kN）
f_s	岩样对钻头侧面法向摩擦力（kN）
g	重力加速度（m/s^2）
H	硬度指数
h	钻深（m）
k	凿入系数
K	钻头形态参数

K_c	钻进侧压系数
L	岩箱长度（mm）
m	活塞质量（kg）
M	旋切/钻进扭矩（N·m）
Z	钎杆的波阻（kg/s）
j	钻机底部存在钻头的行数
$\widehat{m}$	单位长度钻杆质量（mg/m）
n	旋转转速（r/s）
N	凿岩次数
n_{avg}	完整岩石的钻头转速的平均值（r/s）
e	每一行钻头数量
P	钻进压强（MPa）
P_0	检测深度为 0 时的油缸压强（MPa）
p_t	推进压强（MPa）
p_e	冲击压强（MPa）
Q_k	应力波各采样点的量化值（Hs）
q	透水率（Lu）
RI	岩体完整率（%）
RQD	岩石质量指标
R^2	相关系数
r	钻头半径（mm）
s	钻进位移（mm）
SE	钻进比能（J）
t	钻进/凿岩时间（s）
UCS	单轴抗压强度（MPa）
u	侵深（mm）
v	钻进速度（mm/s）
v_{avg}	完整岩石的钻进速度的平均值（mm/s）
v'	受检测深度影响的钻进速度（mm/s）
$v_{冲}$	活塞对钎杆的冲击速度（m/s）
ν	岩石的泊松比
v_p	压缩波速（m/s）
v_s	剪切波速（m/s）
W_F	钻进压力做功（kJ）
W_M	钻进扭矩做功（kJ）

γ	撞击凿入指数
η	传能效率（%）
d_{90}	岩屑颗粒累积分布为 90% 的大尺寸粒径（mm）
ζ	与岩石强度有关的参数
ε	切割单位体积的岩石需要的能量（J/m³）
w	单个钻头的宽度（m）
μ	摩擦系数
δ	钻进深度（m）
η_e	单位体积钻进耗能（kJ/cm³）
λ	CAI_{η_e} 与 CAI 的差异率
α	钻速系数
β	耗能系数
σ_t	抗拉强度（MPa）
σ	钎杆应力（Pa）
τ	脉冲持续时间（s）
ΔL	两接收换能器间距（cm）
Δt	纵波传播时间（s）

目　录

第 1 章
绪　论

1.1　数字钻进技术概述

在过去的几十年中，伴随着经济建设的浪潮，岩土工程得到快速发展，与此同时，工程理论与技术水平亦取得了长足进步。对工程岩体特征的正确认识和定量描述，是岩土工程得以安全、有效、合理建设的基础。如何快速且准确地获取岩体力学参数和评价岩体质量分级，一直是理论和实践中亟待解决的关键科学问题（岳中琦，2014；Barton et al.，1974）。

工程实践表明，受尺寸效应、非均质性、各向异性以及结构面随机分布等岩体固有属性的限制，室内岩石力学试验成果往往不能真实反映岩体结构特征及岩体质量分级，导致在工程设计中难以被直接应用。与室内试验相比，岩体原位测试方法考虑了上述岩体固有属性，因此具有更重要的实际应用价值；但其多为建立在地球物理特征上的非破坏性试验，数据可靠性难以保证。

岩土工程建设中存在着巨量的地质勘察孔、锚杆孔、桩基施工孔、注浆孔、爆破孔等各类钻孔，见图 1-1（a）。例如，作为 172 项重大水利工程的云南德厚水库灌浆孔数量超过 3000 个，累积长度达 28 万 m。工程人员常常通过勘探孔取芯［图 1-1（b）］来观察结构面的分布规律和判断充填物的性质，并通过人工编录和描绘，形成描述岩体结构特征的图和表。然而整个过程冗繁和重复，且结果隐含着大量人为主观因素。而数字钻进技术是通过监测钻孔钻进过程中的信息数据，结合数据清洗手段和钻进过程机-岩信息映射关系，能够定量获取工程岩体结构特征和力学参数。钻孔作业作为水利工程中最早与岩体接触的必备施工工序，钻进过程中钻具与岩体的相互作用本质是岩石压旋耦合破岩过程，利用高精度数字传感器实时获取钻进过程中的压力、转速、扭矩及进尺等钻具响应信息，通过钻进过程中机-岩信息互馈感知机制，实现工程岩体力学参数定量识别是一种可靠且不影响钻进工艺的原位测试方法。为此，岩土工程界做了系列前瞻性试验，如通过室内岩体数字旋切钻孔和现场岩体潜孔锤旋转冲击钻孔等探索钻进响应特征（钻进速度、钻进能量）与岩体（石）参数的关系（Hegde et al.，2017；曾俊强等，2017；Yue et al.，2014）。显然，建立可靠、自动化程度高且适应复杂施工环境下的数字钻进技术不但能丰富工程钻探数据库，而且对提升地层岩体信息的认知水平与工程勘察技术具有重要意义。

（a）灌浆检查孔、先导孔　　　　　　　　　（b）地质勘探孔取芯

图 1-1　工程岩体灌浆孔和地质勘探钻孔

现阶段除了石油天然气等超深钻探开展了钻具响应信息采集外，其他行业的钻具响应信息尚未被大量收集，仅有尝试性的科学试验，造成了数据资源的极大浪费。产生这种现象的主要技术瓶颈是：高精度数字钻进数据采集量巨大，仅以每秒一条数据组为计，单个钻孔每日数据量有 86400 条数据组，将达百万条数据，这对数据储存、分析和处理硬件系统提出高要求。不过，近几年随着 5G 技术、物联网、大数据的迅猛发展，已经基本解决数据化和信息化的关键硬件问题，这将是数字钻进技术广泛工程应用的新契机。

近些年，国家提出了工程行业信息化发展纲要，要求工程建设单位充分运用信息化、标准化、市场化等手段，促进全国工程质量安全总体水平不断提升；通过信息化监管方式，推动岩土工程现场施工、现场及室内试验等质量标准化管理，切实推动岩土工程信息化发展。因此，推动数字钻进技术发展是实现岩土工程信息化的重要环节。

1.2　数字钻进发展及研究现状

1.2.1　数字钻进发展历程

岩土钻进是各种与地质岩土体有关的科学和工程中最为常见的工作任务和手段。国内外专家学者一直关注岩石钻进性能研究，并且已经做了大量工作，也在积极尝试精确反映岩石钻进性能测量方法。经过漫长的理论和实践发展，数字钻进相关技术已逐渐成为国内外学者关注焦点。

在 20 世纪 30 年代，随钻测量仪器已在油气井勘探和开发中用于测量钻井液物理化学成分，随后随钻测井（Logging While Drilling，LWD）和随钻测量（Measurement While Drilling，MWD）在油气田和矿石开采中被大量使用。这些随钻测量手段的主要目的是研究钻井液体化学成分和物理性质，监测钻具的运行状况、钻进地质导向和优化钻探过程。尽管国外一些研究者曾致力于随钻测量 MWD 对地层岩土体质量评价研究和工作，但是，随钻测量在岩土工程中一直还没有开展起来。

1970 年后，法国、加拿大、意大利、美国及日本等国岩体工程研究人员试图通过随钻仪器记录钻进过程中的钻具参数，解决岩土工程钻探中一些地层划分难题。如 Gui et al.（2002）在岩土勘察中使用随钻仪器进行钻进参数监测和地层界面划分（图 1-2）。随后随钻测量手段被用于土石界面识别、场地土地基加固、工程场地勘察、硬岩中的软弱煤层、土体灌水泥浆加固检查、岩体工程评级以及发电厂探查溶洞等。

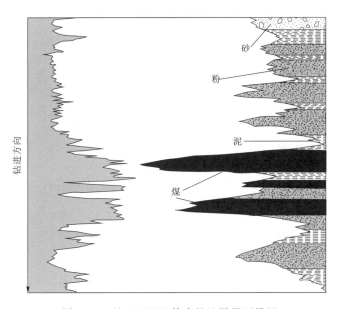

图 1-2 基于 MWD 技术的地层界面辨识

然而随钻测量技术近几十年并没有在实际岩土工程中使用，长期制约其发展的技术问题是：随钻记录的钻进数据存在大量因钻机振动或钻机输出功率变化造成的随机变化，特别是钻进速度存在极大的随机变化，导致难以建立随钻参数同岩土体力学参数之间的确定性关系。为解决此问题，一方面一些钻探工程要求在钻进过程中保持钻机输出液压动力不变（恒定钻井功率），以减少钻机随机振动的巨大影响；另一方面香港大学岳中琦（2004，2014）将时间序列监测技术应用到钻孔数据监测中，并研发了一种旋转冲击钻进地表特征的自动监测系统（图 1-3），即钻孔过程监测仪（Drilling Process Monitoring，DPM）。通过开展大量现场钻进试验，发现同一钻机和同一钻头钻进均匀完整岩石块体的钻进速度应是常数。据此，通过试验数据拟合分析，建立了钻进速度和岩体质量指标的关系，形成了一种利用钻进速率修正的公式来评价岩体工程特性。

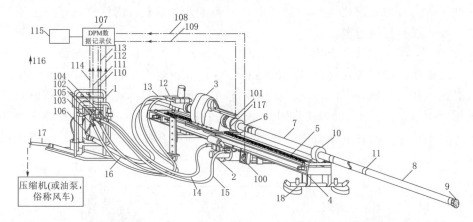

1—手动操作台；2—提升与给进马达；3—回转钻盘动力头；4—滑行主梁；5—环形链条；6—螺纹轴接头；7—钻杆；8—冲击钻锤；9—钻头；10—前顶板和钻杆定中支架；11—钻杆管螺纹接头；12—冲击压缩流体软管；13—给进压缩流体软管；14—提升压缩流体软管；15—前进旋转压缩流体软管；16—后退旋转压缩流体软管；17—主供压缩流体软管；18—步覆或铁架支撑机构；100—动力头位置传感器；101—轴接头转速传感器；102—提升压力传感器；103—后退旋转压力传感器；104—给进压力传感器；105—前进旋转压力传感器；106—冲击压力传感器；107—动态数据采集器；108～114—采集器连接电线；115—个人电脑硬盘或便携存储器；116—数据电信号流动方向；117—圆套铁环

图 1-3　压缩空气流旋转冲击潜空锤钻机的钻孔过程监测仪（DPM）

随着数字钻进相关技术的实践和发展，研究人员发现钻孔过程中钻进速度和钻进能量会受到钻进压力、钻进扭矩，以及钻头旋转转速的影响，其数值往往并不是常数，仅仅将钻进速度或钻进能量作为评价岩体特征唯一评价指标是不可靠的。只有滤除了钻进参数对钻进速度或钻进能量的影响，才能建立一种评价岩体特征的合理指标，这是钻孔钻进过程监测技术亟待解决的核心问题。

中国水利水电科学研究院在大量工程应用的基础上，进一步研发了数字钻进技术（Digital Drilling Technology，DDT），集硬件系统、数据分析软件系统、基本数据库以及三维展示程序为一体，并融合了大数据分析和云技术，具有以下几个特点和优势。

（1）研制的多通道自动数据采集仪采用国产化硬件，价格较低，具备二次开发和根据工程需要定制的优势，而且配置多种转接口，能灵活地与工程地质钻机、TBM 超前钻和凿岩台车等大型机械设备实现对接。硬件系统由数据采集处理装置、钻进装置、动力装置和高精度数字传感器组成，可实时采集钻进过程中进尺、液压、转速、电流以及扭矩等重要信息。

（2）在不干扰现行钻井工艺和不增加任何勘探工作量下，为岩体质量快速评价提供了科学依据。软件系统由程序和数据库组成，包括钻具响应数据处理程序、钻进过程信息数据分析程序、钻机和岩体参数映射关系深度学习分析程序、典型钻具响应特征和岩体物理力学参数数据库，从数据采集到关键信息输出具有流程化和智能化的操作特点。

（3）丰富的钻具响应特征和岩体力学参数的数字化和图像化呈现。开发的岩体工程特性分析成像软件，不仅能实时更新钻孔岩体参数随深度和时间的变化情况，还实现了钻孔群信息空间数据插值，形成具有岩体物理力学参数（岩体质量指标、硬度、单轴抗压强度和脆性等）三维云图展示的功能，能够满足任意截面和局部的地质体信息显示需求，为工程提供了可视化的指导资料。

（4）钻进过程信息挖掘与岩体力学特性感知系统应用了无线传输和云计算相关技术，能将存储于云服务器中的布置系统与数据在各种终端设备中展现出来，不仅硬件布置方便，且对于重要施工数据的安全性和稳定性也有了可靠保障。

（5）系统具有灵活的可配置性，可根据不同的岩土工程和水利工程特点，进行不同的应用模块配置，保证系统能够具备较好的适用性。

目前，数字钻进技术在广西大藤峡水利枢纽工程、云南德厚水库、吉林引松供水工程、四川拉哇水电站、新疆奴尔水库、西藏 DY 水库等重大水利水电工程中成功应用，硬件、软件和理论均在工程应用中逐步完善和提升。

1.2.2 数字钻进理论研究现状

考虑到钻孔钻进过程中隐藏着大量地质资料信息，岩土工程界希望通过设置随钻监测仪器记录钻孔过程数据用于分析测定岩体性质，并为此开展了室内、现场试验和相应理论分析。目前在钻孔过程响应数据分析、岩石钻进过程的破碎机理研究以及钻进响应特征和岩体力学参数分析模型等方面取得了长足进步。

1. 钻孔过程响应数据分析

最初的研究重点是建立钻孔过程响应数据和完整岩块力学参数的关系。然而，岩体是由完整岩石和分割岩石的不连续面共同组成，工程实践表明在大多数条件下岩体结构特征比岩石性质更重要。在工程岩体分级 Q 系统、RMR 分类法和 GSI 中，都将岩体完整性作为主要评分项。因此，研究者试图通过钻孔数据获得岩体空间结构特征，尤其是建立钻进速度和岩体结构界面辨识关系，这对实际工程更有参考价值。典型案例有：Schunnesson（1996）提出利用钻孔钻进过程行为来预测岩石质量指标（*RQD*）；Gui et al.（2002）在岩土场地勘察中研发岩体性质和参数评定钻孔探测仪。岳中琦（2014）通过试验数据拟合，建立了钻进速度和岩体质量指标的关系，并提出同一钻机和同一钻头钻进均匀完整岩石块体的钻进速度应是常数（图1-4），建立了一种利用钻进速率修正的公式来评价岩体工程特性。

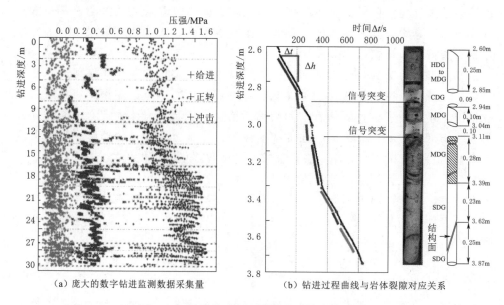

（a）庞大的数字钻进监测数据采集量　　　　（b）钻进过程曲线与岩体裂隙对应关系

图1-4　钻孔钻进过程监测及岩体参数预测

2. 岩石钻进过程的破碎机理研究

岩石破碎作为机械钻掘的基本过程，主要力学过程包括对岩石进行压缩、切削以及冲击。随着对岩石破碎过程的深入了解，揭示不同机械荷载下岩石破碎机理是掌握机-岩信息互馈的关键。以往钻孔过程研究中，大量室内钻进试验和原位钻进试验试图了解在不同机械荷载作用下岩石破碎机理，岩石破碎机理研究主要集中在：岩石破碎阶段划分；破碎带（裂纹）形成的物理机制；加载速率、加载形状以及切割条件对岩石破碎的影响。

对于岩石破碎阶段的研究，通过压痕试验普遍认为岩石破碎前期是形成不同程度的弹性压缩区，随后引起岩石表面变形和深度裂纹扩展，进而岩石被压裂。诸多学者通过弹性力学理论建立了大量岩石压缩应力分布模型。然而岩石非均匀性等特性，使其在压缩状态利用弹性力学理论解析一直有待商榷；同时，岩石钻进破碎阶段极其复杂，并非简单的压缩破坏，它同时包括压缩、剪切、切削以及碾磨多种过程相互作用。

当压碎区形成后，大量由拉剪应力引起的微小裂纹分布在压缩区内，但并没有影响岩石破碎。Artsimovich et al.（1978）认为在破碎带的裂纹主要通过最大切向应力梯度线传播。当压碎区积累的弹性能超过一定的极限，使压碎区进一步扩展，并使裂纹再次扩张形成次级压碎区，从而引起岩石破碎。同时一些研究认为裂纹的传播主要是由于碎石（粉末）进入裂纹而引起的。Wang et al. (1976) 通过有限元分析模拟岩石压痕试验得到压碎带被挤压成横向运动，导致表面碎屑喷发。然而 Hardy（1973）通过试验得到岩屑的形成是由破碎带的抬升作用引起的，而破碎带的抬升作用是由岩石的膨胀作用决定的。之所以不同学者对破岩机理存在不同见解，主要原因是岩石破裂以及裂纹传播研究一直停留在现象描述，缺乏微观机理研究。同时由于探测手段限制，不能透视岩石内部破碎过程，而岩石破碎机理本就非常复杂且不易监测，导致岩石破碎机理研究一直处于不明确状态。

3. 钻进响应特征和岩体力学参数分析模型

为了快速确定钻孔周围岩体质量条件，许多学者通过钻进试验和理论分析建立地层岩体结构信息（包括岩体地层分界、岩石单轴抗压强度以及软弱夹层等参数）与钻孔机械参数（压力、扭矩、钻速以及冲洗流速等参数）之间的映射关系，从而达到快速探测地层岩体结构等信息的目的。

大多数学者主要从能量耗散、静力和动力平衡等角度建立钻进响应参数和岩体力学特征分析模型。Teale（1965）提出钻进比能（Specific Energy，SE）概念来描述钻进单位体积岩石所需要的钻进能量，并根据量纲分析认为钻进比能与岩石单轴抗压强度的比值可用来分析岩石可钻性。随后大量的学者在钻进比能基础上，建立钻进比能和其他钻进参数经验公式，用来预测岩石脆性等其他指标。然而，此类经验公式在实际钻进过程中应用效果往往并不好，主要原因是经验公式是在特定钻进条件下建立的，而实际钻进中钻进参数变化较多，且大多数经验公式并不能被破岩机理解释。为此，研究者试图基于静力学、动力学以及岩石破坏准则，提出多种岩石钻进模型。如 Kalantari et al.（2019）基于极限平衡和岩石破碎准则提出了钻进岩石的内摩擦角和内聚力解析模型。王琦等（2019）根据岩石钻进过程中的受力特点，基于能量分析法，推导了岩石单位切削能与钻进参数的关系。但是在岩石钻进过程中，整个钻进过程并不是静力状态，而是一个复杂动载循环过程，且并不遵守简单的静力平衡关系，导致此类模型实用性往往较差。同时，随着人工智能拥有强大的数据挖掘作用，部分学者采用大数据分析手段建立岩石钻进模型（Feng et al.，2020）。然而由于大多数钻进工程数据有限，导致建立的岩石钻进模型可信度一般，无法满足广泛的工程应用。

1.2.3 数字钻进未来发展趋势

目前，数字钻进技术越来越受到工程关注，近些年取得了突破性的提升，然而，这项技术仍以研究性试验为主，远未成为岩土工程首选数字化勘测手段，未来任重道远。数字钻进未来发展趋势主要表现在以下几个方面。

（1）理论技术：建立滤除钻进条件影响的岩体性质评价指标统一解，解译裂隙岩体数字钻进数据蕴藏的有效信息。

（2）设备研发：实现硬件、软件的精度提升、效率进步和设备套装化，规范钻机信息采集标准，建立数字钻进自动分析软件和数据库。

（3）装备融合：与自动灌浆系统、TBM 掘进系统等融合，成为智能建造重要组成部分。

（4）工程应用：满足多元化的水利工程应用需求，扩大应用广度。

（5）规范规程：形成和颁布数字钻进相关的国家、行业、地方和团体标准。

第 2 章
钻头钻机类型与钻进破岩特征

工程地质钻探作为地下地层信息探测、解释以及验证的一种重要技术手段，已被广泛应用于水利、交通、矿山、石油等行业的地质勘察和相关钻孔作业。钻机作为地质钻探施工的主要设备，带动钻杆和钻头向地下岩层钻进，完成孔内岩石破碎。钻机类型的选择往往根据工程地质和钻机功能共同确定，其性能好坏直接影响钻探施工的成孔、效率、质量、成本以及安全等。根据用途划分，钻机可分为岩芯钻机、锚固钻机、坑道钻机、凿岩台车以及特种钻机等；钻机按钻进方式又可分为旋转切削式钻机、冲击式钻机、滚压破岩式钻机，以及复合式钻机等。钻进过程中，孔内岩石在钻头作用下的破碎方式可划分为冲击、切削和滚压 3 类，每一类都有着钻头与被钻岩石性质之间相匹配的规则。按岩石破碎方式，钻头可分为旋转切削式钻头、旋转冲击式钻头、滚压切割式钻头以及混合破岩式综合钻头。

本章系统梳理了工程地质钻探常用的钻头和钻机类型，以及不同类型的岩石破碎机理，为后续介绍数字钻进原理和随钻岩体质量评价提供机械破岩机理上的基本认识。

2.1 钻头与钻机

2.1.1 钻头

钻头作为地质钻探过程中最早与岩石接触的破岩工具，其破岩方式包括冲击、切削和滚压 3 类，每一类有各自适用的岩层范围、独特的特点以及遵循的破碎机理。因此，选择合理的几何结构、尺寸以及磨蚀性能的钻头，在性能差异较大的岩石内达到最优的钻进效率是钻具选择任务之一。

表 2-1 总结了旋转切削式钻头、旋转冲击式钻头、滚压切割式钻头以及混合破岩式综合钻头的破岩模式、具体特征以及典型实物照片。各类型钻头的特

点总结如下。

（1）旋转切削破岩是钻头在加载压力作用下贯入岩石表面，在旋转作用下对表面岩石螺旋式渐进切削破碎。在切削过程中，此类钻头因脆性破坏和磨损比较高而适用于低磨蚀、硬度较低的岩层开挖。目前实际工程中此类钻头运用最广的是 PDC 钻头和合金岩芯钻头。

（2）旋转冲击破岩是一种高效的硬岩破碎方式，主要通过钻头对岩石施加瞬时冲击荷载，使岩石发生跃进式破坏。冲击凿岩钻头是工程领域最常用的冲击破岩钻头。

（3）滚压切割破岩主要通过多个钻齿或者刀具在岩石表面施加高轴向压力，配合旋转扭矩达到破岩效果，适用于中硬度岩石开挖，在实际工程中运用最广是旋转牙轮钻头和 TBM 刀具。

（4）混合式破岩综合上述破岩模式的优点，可以提高钻进效率，此类钻头被称为混合式钻头，如表 2-1 中综合钻头，是一种综合了 PDC 钻头和旋转牙轮钻头优势的混合式钻头。

表 2-1 钻 头 分 类 分 析

岩石破碎模式	钻头类型	特征描述	实物照片
旋转切削破岩	旋转切削钻头	PDC 钻头	（1）广泛用于油气钻井工程，具有较高的钻进效率。 （2）钻进效率取决于合金材料，刀头特征（数量、几何形状、布局）以及钻进条件。相较于牙轮钻头和普通合金钻头，PDC 钻头的岩屑较少	
		合金岩芯钻头	（1）广泛用于硬度和磨蚀性一般的地层。 （2）多由研磨引起的岩石破碎，钻进效率取决于合金材料，刀头特征（数量、几何形状、布局）以及钻进条件	
冲击破岩	冲击钻头		（1）多为凿形工具和均匀分布的球齿。 （2）由推进器施加瞬时冲击荷载。 （3）广泛运用于硬岩开挖	

岩石破碎模式	钻头类型	特征描述	实物照片
滚压切割破岩	旋转牙轮钻头	（1）多用于石油和天然气钻井工程。 （2）具有成本低、适应性广的优势。 （3）轴承易损坏。 （4）局限于中低硬度岩石、低温、低钻速（＜2000r/min）环境	
	TBM 刀具	（1）多用于深部隧道工程。 （2）钻进效率取决于刀具磨损、几何形状和切割模式（角度和布局）。 （3）高效率破碎硬岩	
混合式破岩	综合钻头	（1）综合了旋转牙轮钻头和PDC钻头的优势。 （2）钻进速率比旋转牙轮钻头快 2～4 倍。 （3）振动频率低于 PDC 钻头	

2.1.2 钻机

钻机带动钻具和钻头向岩层钻进，是完成地质钻探的主体设备。目前国内用于煤田、冶金、矿产、地质、水文等地质钻探的钻机主要有旋切回转式钻机、冲击式钻机、滚压破岩式钻机和复合式钻机等多种类型的钻机。各类型钻机基本具有回转、冲击、振动、静压 4 种单钻进功能和回转加减联动钻进、冲击振动跟管钻进、回转振动跟管钻进、反循环等钻进功能。在选型配套时，需要根据钻孔直径、深度，地层条件，以及钻孔目的等旋转不同型号、钻进能力等的钻机型号。

2.1.2.1 旋切回转式钻机

岩芯钻机是最典型的旋切回转式钻机，主要用于工程地质勘察、水文地质

11

调查、油气田的普查和勘探以及水井钻凿等。岩芯钻机主要由回转机构、升降机构、进给机构、传动机构、操纵装置、机座以及其他附属装置等基本部分组成，见图 2-1。

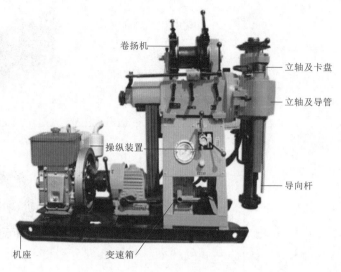

图 2-1　XY 系列岩芯钻机

回转机构又称为回转器，用于驱动钻具旋转，实现钻头连续地破碎岩石。岩心钻机的回转器有立轴式、转盘式和移动式 3 种。

升降机构用于提升或者下放钻具、套管及其他设备。多数钻机专门配有升降机构，而某些钻机是不配有升降机构的，例如在移动回转器式钻机中是利用动力头和给进机构配合实现升降机的功能。

进给机构用于调节和保持孔底钻头上的轴向载荷，并根据钻头的钻进速度进给钻具，保持钻头连续不断的钻孔。

传动机构用于传递钻机的动力到钻机各工作机构的动力装置。钻机动力的传动方式有机械传动、半液压传动、全液压传动 3 种类型。

操纵装置用于分配动力、调节钻机各工作机构的运动速度，改变工作机构的运动方向和形式。机械传动式钻机的操纵装置一般与有关的部件设置在一起，而液压传动式钻机的操纵装置多集中设置在一起成为独立的部件，称为操纵台。

常见岩芯钻机类型有：①XY-2/2B 型立轴式岩芯钻机；②XY-44C 型立轴式岩芯钻机；③RK-100（GXY-100）全液压多功能环保钻机；④XT-6R 型全液压多工艺钻机；⑤XY-2PC 型立轴式岩芯钻机；⑥GX-1TD 型立轴式岩芯钻机；⑦GX-100 型立轴式岩芯钻机；⑧TPY-300 型立轴式岩芯钻机。

2.1.2.2 冲击式钻机

锚固钻机又称锚杆钻机，是典型的冲击式钻机，主要用于铁路、公路、水利、水电设施的滑坡治理工程、危岩体锚固工程、控制建筑物位移等高边坡岩体锚固工程，此外还用于施工城市深基坑支护及地基加固工程孔、爆破工程的爆破孔和隧道管棚支护孔等，见图 2-2。钻车是钻机的执行机构，由回转器、二次给进机构、变幅机构、主操作台、风冷却器、除尘装置、钻车行走操纵台、钻车履带车体、稳固装置组成。液压泵车是钻机的动力源，由电机泵组、泵车行走操纵台、电磁阀、泵车履带车体、油箱等部件组成。钻机液压系统采用开式系统，Ⅰ泵负责泵车的行走，并为风冷却器马达及除尘装置马达供油；Ⅱ泵负责钻车的行走，回转器回转；Ⅲ泵负责回转器的给进、起拔、姿态调整及钻车稳固。

图 2-2 锚固钻机

根据钻机动力形式，锚固钻机分为气动式、液动式和混动式 3 种。其中气动式锚固钻机发展最早，又称为风动式锚固钻机；该类钻机的动力装置为风动马达，由压缩空气作为动力源，驱动风动马达，带动齿轮箱输入轴旋转。液动式锚固钻机以液压马达和油缸作为主要执行元件，采用液压传动形式；按照行走系统的不同，此类钻机又可分为分体式和履带式（图 2-3）。相对履带式钻机而言，分体式钻机具有结构简单、整机重量轻、操作便捷、造价低等特点。混动式锚固钻机采用多种动力方式实现回转和冲击钻进，常见的有液压驱动回转加气动潜孔锤冲击钻进、电动驱动回转加气动潜孔锤冲击钻进、液压驱动回转加高压水射流切削钻进等多种混合钻进方式。锚固钻机具有结构紧凑、体积小、重量轻、机动灵活等特点，适用于在高边坡和脚手架上展开工作；液压动力头的输出扭矩较大，钻进能力强，钻机的使用范围广，输出转速为无级变速，可根据不同的施工要求和地质情况自主选择钻进参数，以达到最佳钻进效率。

常见锚固钻机类型有：①MGY-135L 型履带式锚固钻机；②MGY-100BL-JG 全液压旋喷锚固钻机；③MGY-90L 型锚固钻机；④MGJ-50LZ 型履带装载式旋喷锚固钻机；⑤MGQ-30 型气动锚固钻机。

2.1.2.3 滚压破岩式钻机

牙轮钻机（图 2-4）作为典型的滚压破岩式钻机，以钻孔孔径大、穿孔效率高等优点成为大、中型露天矿普遍使用的穿孔设备，主要用于大型露天矿山

（a）分体式液动锚固钻机　　　　　　（b）履带式液动锚固钻机

图 2-3 液动式锚固钻机

图 2-4 牙轮钻机

200mm 以上的炮孔凿岩作业。牙轮钻机主要由钻具、钻架、回转机构、主传动机构、行走机构、排渣系统、除尘系统、液压系统、气控系统、干油润滑系统以及动力机构配置。

牙轮钻机钻具主要由牙轮钻头、钻杆和稳定器组成。牙轮钻头按牙轮的数目分为单牙轮、双牙轮、三牙轮及多牙轮钻头，其中矿山主要使用三牙轮钻头；稳定器是牙轮钻进时防止钻杆和钻头摆动、炮孔歪斜、保护钻机工作构件少出故障的有效工具。

钻架安装在主平台轴孔上，由液压油缸驱动使钻架绕该轴孔俯仰，实现钻架立起和放倒。回转机构与钻杆连接采用钻杆连接器，并带动钻具回转。主传动机构作用是驱动钻具的提升、加压及钻机行走，提升与行走由同一台马达（电动不能同时两个动作）驱动，加压有液压马达和直流或交流电动机两种方式。行走机构完成钻机远距离行走和转换孔位。牙轮钻机采用气举排渣，压缩空气通过风管、回转中空轴、钻杆、钻头向孔底喷射，将岩渣沿钻杆与孔壁间的环形空间吹出孔外。除尘系统用于处理钻孔排出的含尘空气，具体分为干式除尘和湿式除尘。液压系统包括执行油缸和液压马达，完成钻架起落、接卸钻杆、液压加压、收入调平千斤顶等动作。气控系统具有操控回转机构提升制动、提升加压离合及钻杆架钩锁等作用。干油润滑系统由泵站、供油管路和注油器组成。动力机构配置包括电动或柴油机、全液压牙轮钻机、空气压缩机和分配齿轮箱油泵等。

随着采矿业投资力度的不断加大，大型牙轮钻机的需求也在加大，尤其在露天煤矿开采中。当前国内外牙轮钻机的发展趋势有：加大钻孔直径；加大轴压力、回转功率和钻机重量，实行强化钻进；采用高钻架长钻杆，减少钻机的辅助作业时间；使钻机一机多用，能钻倾斜炮孔，以满足采矿工艺方面的要求；采取措施提高牙轮钻头的使用寿命；发展电力传动，采用静态控制驱动交、直流电机；提高钻机的自动化水平，全面提高钻机的经济效益；采用 PLC-视屏系统，可随时向司机提供运转的各种性能参数。

常见牙轮钻机类型有：

(1) 比塞洛斯公司的 49-R、65-R 和 67-R 系列牙轮钻机。

(2) 英格索兰公司的 DM-25、DM-45E、DM-50E、DM-H 和 DM-M 系列全液压牙轮、潜孔两用钻机。

(3) P&H 公司的 P&H70A 型、P&H100B 型 P&H120A 型牙轮钻机。

(4) 南京凯玛机械有限责任公司 KY 系列牙轮钻机。

(5) 中钢集团衡阳重机有限公司的 YZ-35 型和 YZ-5 型牙轮钻机。

2.1.2.4 复合式钻机

凿岩台车是典型的复合式钻机。凿岩台车通过旋切和冲击方式共同完成破岩，可分为平巷掘进钻车、采矿钻车、锚杆钻车和露天开采用凿岩钻车等，一般由行走系统、底盘、推进器、钻臂、回转机构、凿岩机（含钎杆）、动力系统、电气控制系统和液压系统等组成。按照钻车的行走机构，钻车可分为轨轮、轮胎和履带式；按照架设凿岩机台数，钻车可分为单机、双机和多机钻车。凿岩台车作业步骤为：首先，将台车开至隧道掌子面前的预定位置，然后伸出支腿油缸对台车进行支撑；其次，操作手动阀控制钻臂运动，将钎头对准已经人工布置好的炮孔位置，根据炮孔的施工要求调整好适当的外插角，补偿油缸伸出将顶尖顶到岩面上，定位完成后将钻臂上各驱动油缸和马达用液压锁锁住，钻臂就给推进器形成了一个稳定支撑；最后，凿孔循环包括开孔轻冲击轻推，凿岩重冲重推，钻孔到位自动回退。重复上述 3 个步骤直至完成所有炮孔及掏槽孔的凿钻。

推进器主要有钢丝绳活塞式、风马达活塞式、气动螺旋副式。推进器的作用是在准备开孔时，使凿岩机能迅速地驶向（或退离）工作面，并在凿岩时给凿岩机以一定的轴推力。推进器的运转应是可逆的。推进器产生的轴推力和推进速度应能任意调节，以便使凿岩机在最优轴推力状态下工作。

钻臂是支撑凿岩机的工作臂。钻臂的结构和尺寸、钻臂动作的灵活性和可靠性等，都将影响钻车的适用范围及其生产能力。按照钻臂的动作原理，钻臂有直角坐标、极坐标和复合坐标 3 种。直角坐标钻臂具有钻臂的升降和水平摆动、托架（推进器）的俯仰和水平摆动及推进器的补偿运动等基本动作。

回转机构可分为摆动式转柱、螺旋副式转柱、极坐标钻臂回转机构等。摆动式转柱的结构特点是在转柱轴外面有一个可转动的转套。钻臂下端部和支臂油缸下铰分别铰接于转动套上。当摆臂油缸伸缩时，使转动套绕轴心转动，从而带动钻臂左右摆动。摆动式转柱结构简单、工作可靠、维修方便。

在钻车中常用的推进器平移机构有机械式平移机构和液压平移机构两大类。属于机械式平移机构的有剪式、平面四连杆式和空间四连杆式等；属于液压平移机构的有无平移引导缸式和有平移引导缸式等。

凿岩台车主要用于地下矿山巷道、铁路与公路隧道、水工隧洞等地下工程，也可用于钻凿锚杆孔、充填法或房柱法采矿的炮孔，以及适用于中、大型隧道断面。凿岩台车的使用标志着矿山凿岩机械化的水平已进入一个更高阶段。伴随着国内外轨道交通、公路交通、水电项目等大型工程的建设，隧道施工等工程机械需求量不断增大。目前隧道施工方法主要有钻爆法和盾构法两种，对于岩石硬度大的场合，多采用钻爆法施工，对于地质较为松软的场合使用盾构法较多。凿岩设备是钻爆法施工中必不可少的设备，凿岩台车因为其具有凿岩效率高、安全性好、能减轻工人劳动强度等优点，有逐渐取代手持式凿岩机的趋势。凿岩台车的构成见图 2-5。

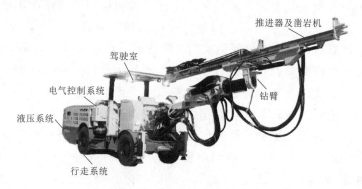

图 2-5　凿岩台车的构成

常见的凿岩台车类型有：

（1）瑞典 Atlas Copco 公司：Robot Boomer131 型、135 型、185 型凿岩机器人和 Simba H222 型、269-2 型及 H250 型微机控制采矿凿岩钻车。

（2）日本东洋公司：THMJ-2350-AD（四臂）和 THCJ-2-AD（两臂）两种全自动液压凿岩钻车。

（3）法国 Secoma 公司：Secoma ATH22 和 MTH35 型凿岩钻车。

（4）阿特拉斯科普柯公司：阿特拉斯 Boomer353E 凿岩台车、Boomer XL3D 凿岩台车。

（5）中铁工程装备集团有限公司：DJ3E 全电脑三臂凿岩台车。

（6）中国铁建股份有限公司：ZYS113/G 全电脑三臂凿岩台车。

2.2　钻进破岩特征

钻进岩石破碎过程中，由于待破岩石性质以及岩石-钻头匹配原则不一样，各类岩石破碎方式（旋切破岩、冲击破岩、滚压切割破岩）的特征、过程以及应力分布等差异甚大（徐小荷等，1984）。尽管如此，几十年来，对钻进破岩特征这一复杂问题，一直在逐步深入研究。

2.2.1　旋切破岩特征

旋切破岩是钻进过程中切削刀具在轴压力和扭矩共同作用下产生给进和回转运动，呈螺旋面运动侵入并破碎岩石。

岩土体切削和金属切削不同。岩土体切削，一般物体本身是不动的，而切削刀具顺着工作面（包括孔底）前进，至少有 1 个直线运动（连续的或断续的）包含在基本运动组合中。根据刀具运动特征可将旋切破岩方式分类如下。

（1）截割。刀具运动由 2 个直线运动组成，截煤机和联合采煤机器的平截盘为截割的典型代表。

（2）刨削。刀具运动为 1 个直线运动，典型的代表机器为刨煤机、拉犁和犁松器。

（3）挖掘。刀具运动由 1 个直线运动和 1 个弧线（曲线）运动组成，典型的代表机器为挖掘机。

（4）钻削。刀具运动由 1 个直线运动和 1 个旋转运动组成，电钻（麻花钻）、刮刀钻进机和土体掘进机器都属于钻削类机器。

区分这 4 种破岩方式的主要标记是刀具运动的轨迹。切削刀具的运动轨迹，随着机械的执行机构的构造不同而不同。但是，任何复杂的运动轨迹都是由直线和旋转两种基本运动组合而成。

岩石旋切破碎属于跃进式破碎，按其特征可将破碎过程分为以下几个阶段。

（1）变形阶段［图 2-6（a）］。假设切屑刀尖是带有一定曲率的球体（不可能做成曲率半径为零的刀尖），按赫兹理论剪应力分布特征，在接触点上剪应力为零，离开该点到岩石内一定距离的点剪应力达到极值，过此极值，随着离开接触点距离的增加而下降。最大拉应力发生在接触面附近的点。

（2）裂纹发生阶段［图 2-6（b）］。当切削力增加，E、F 两点的拉应力超过岩石抗拉强度时，该点岩石被拉开，出现赫兹裂纹；B 点剪应力超过岩石抗剪强度时，该点岩石被错开，出现剪切裂纹源。切削力所做功部分转成表面能。

　　（3）切削成核阶段［图 2-6（c）］。切削荷载继续增加，剪切裂纹扩展到自由面和赫兹裂纹相交。岩石内已破碎的岩粉，被运动的刀体挤压成密实（密度增大）的切削核，并向包围岩粉的岩壁施加压力，其中一部分岩粉以很大的速度从前刃面与岩石的间隙中射流出去。该阶段切削力所做功，除小部分转成变形能和动能外，大部分转成表面能。

　　（4）块体断开阶段［图 2-6（d）］。荷载继续增加，刀具继续向前运动，在封闭切削核瞬间，压力超过 LK 面的剪力时，发生块体崩裂，刀具突然切入，载荷瞬间下降，完成一次跃进式切削破碎过程。

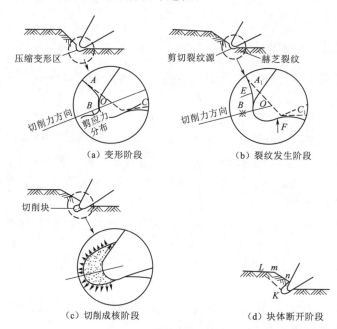

图 2-6　切削破碎模型

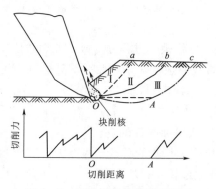

图 2-7　切削煤岩块体崩裂顺序

　　图 2-7 为 3 次跃进式切削破碎相继发生过程，如果块体 Ⅰ 是从刀尖开始按裂隙 Oa 从岩体分离下来，则切削力并不下降到零值；如果块体 Ⅱ 是从刀尖开始沿 Ob 线离开岩体，切削力的起始值为块体 Ⅰ 的卸载值（图 2-7 中的曲线），块体 Ⅱ 的卸载值高于起始值；如果块体 Ⅲ 从岩体分离时按裂纹 Oc 先向岩体内部发展，后改变方向，向自由面扩展，切削力的卸载值可降为零。刀具还须在空气中（不接触岩

石）走过 OA 一段距离，才开始进行切削。大量研究证实了上述 3 种切削崩裂过程，其中最常出现的是Ⅰ和Ⅱ块体崩裂情况。

2.2.2 冲击破岩特征

冲击是一种极其简单的破岩手段，能在瞬间获得极大的力量。在现代工业中，凿岩、碎石、打桩、锤锻、冲压等都是利用冲击。工程中遇到的冲击作用的例子有：钢绳冲击钻进，气动或液压冲击器和振动器及高压水射流等。岩石冲击破碎按其破碎的实质，可分为以下类型。

（1）砸碎。以矿山二次破碎大块为典型，被破碎的岩石是孤立的块，在冲击作用下只要给它肢解成几部分即可。

（2）劈落。以风镐从煤壁落煤为典型动作，有 2 个自由面，工具侵入岩石，将大块岩石从岩体分离出来。

（3）凿碎。以冲击式凿岩为典型动作，只在岩石表面邻近工具的局部地方破碎岩石，而工具本身是受到其他物体（锤）的撞击而得到能量。

（4）射击。如用弹丸射击岩石。利用工具自身高速运动，冲向岩石将动能转化为岩石的破碎功。

冲击力有别于静力，其明显的特征是在很短的时间内，作用力发生急剧的变化，因此冲击破岩和静力破岩在现象、机理等方面有很大的区别。

在冲击破岩过程中，凿入力 F 与侵深 u 的典型曲线见图 2-8，凿入力先缓后急地上升为峰值，随着卸载，岩石因弹性膨胀而上移，产生永久性侵深。第一段曲线的斜率成为凿入系数（岩石刚度） k，故可近似地表达为 $F = ku$。根据凿入微分方程可得：

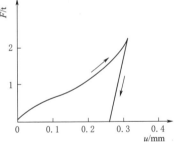

图 2-8 凿入力（F）与侵深（u）的关系

$$F_{\max} = 2mv\gamma^{\frac{\gamma}{1-\gamma}} \qquad (2-1)$$

$$\gamma = \frac{Z^2}{mk} \qquad (2-2)$$

$$\eta = 4\gamma^{\frac{1+\gamma}{1-\gamma}} \qquad (2-3)$$

式中：$F_{\max}$ 为凿入力峰值；Z 为钎杆的波阻；v 为活塞对钎杆的冲击速度；γ 为撞击凿入指数，表征整个系统的无量纲量；m 为活塞质量；k 为凿入系数。

冲击破碎岩石的动能为

$$T = \frac{1}{2} m v^2 \eta \tag{2-4}$$

式中：η 为由活塞至岩石的传能效率。

$T = U$ 是分析动载破碎时工具与岩石关系的基础，则有：

$$u_0 = v \sqrt{\frac{m}{k}} \tag{2-5}$$

$$F_{\max} = v \sqrt{km} \tag{2-6}$$

由此可知：冲击破碎与冲击器、钻具及岩石所组成的整个系统有关，能量是以波的方式传递。当 $\gamma = 1$ 时，η 最大。对一定的岩石冲击器，活塞质量要与钻具质量相匹配。

岩石被冲击，或在其表面爆破时，可视为接触表面在外荷载作用下的脆性半空间应力和破坏问题。接触点处介质的压缩和剪切，从介质的一个单元体到另一个单元体是以不同的压缩波速 v_p 和剪切波速 v_s 传播的。某一瞬间，在集中荷载 P_z 作用点附近的应力场见图 2-9。介质内产生球形的纵波（即压缩波）P 和横波（即剪切波）S，还有锥形波 K。后者是剪切波 S_j 的包络线，S_j 是直射波 P 通过自由面时反射回来的剪切波。纵向反射波与

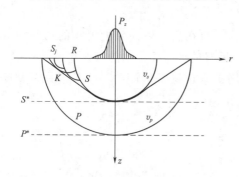

图 2-9　冲击作用下的纵横波及应力传播

直射波重合。此外，沿物体表面还传播圆形的表面波（瑞利波）R。当传播作用沿着表面进行时，则发生平面波前 P^* 和 S^*。在岩石中，抗拉强度远小于抗压强度，压缩波在自由面反射成拉伸波，这些拉伸波叠加起来常常出现很大的拉应力，两相对面传来的拉伸波的质点运动方向相反，常成为撕裂岩石的原因；横波传播很慢，常在发生裂纹之前才来到，因此，为了简明起见，可略去这一次因素。在爆破、凿岩破碎岩石时，常利用这种简化了的波动过程来分析破碎过程。

刚开始在较强烈的各向压缩条件下，介质将沿滑动面，即沿两组最大剪切应力作用面破坏，形成破碎核。此时在表面出现环形裂纹；之后在对称轴上及其附近出现一些环形裂纹、径向裂纹，以及沿着原来压缩和破碎核的滑动面出现完全无规则裂纹。接着在离对称轴更远的点，在其表面上出现径向裂纹；最后在横波内形成"破裂"条件，沿滑动面向自由面发育（卸载张裂纹也促成其发育），并使介质单元体的破裂和压碎成为近似截锥形的破碎穴（图 2-10）。

2.2.3 滚压切割破岩特征

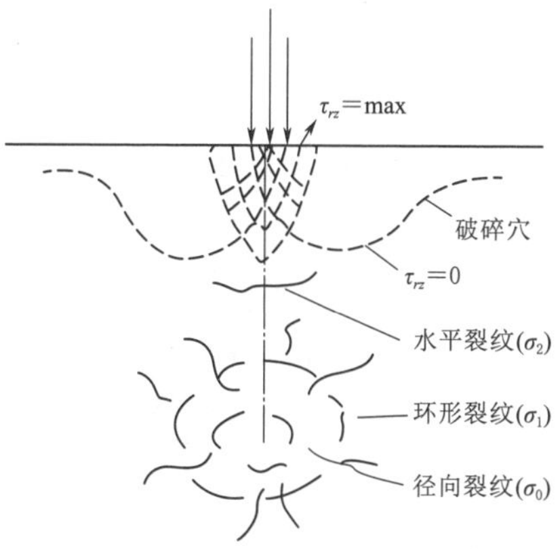

滚压切割破碎岩石是一种破碎量大、速度快的机械破岩方法，其特点是靠工具滚动产生冲击压碎和剪切碾碎的作用达到破碎岩石的目的。利用滚压破岩的主要设备有牙轮钻和掘进机。与其他几种破岩方式相比，滚压破岩是适应性较强的一种破岩方式。

滚压破岩刀具的样式甚多，基本型式为牙轮和盘刀，其他型式可看成是这两种刀具的组合和发展。

图 2-10 集中荷载作用下岩石破坏方式

牙轮是安装在牙轮钻直接滚压破岩的部分。按牙轮数目，牙轮钻头分为单牙轮钻头、双牙轮钻头、三牙轮钻头、四牙轮钻头和多牙轮钻头。矿用穿孔钻头主要为三牙轮钻头，见图 2-11。它由 3 个牙爪和通过轴承安装在牙爪轴颈上的牙轮组成。3 个牙爪装配上牙轮之后，用电焊将 3 个牙爪焊成一个整体，车削出用于连接钻杆的锥形螺纹。根据穿凿矿岩性质的不同，牙轮上嵌有不同形状的齿，常用的齿形为球形和楔形，前者用于坚硬岩石，后者用于页岩或塑性较大的中硬岩石。

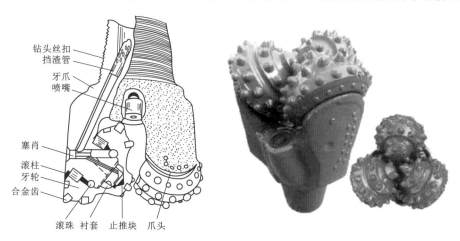

图 2-11 矿用牙轮钻头结构图

盘刀是盘形滚刀的简称，是掘进机滚压破岩常用的一种刀具形状，由刀圈、轮毂和轴组成。近十年来，随着掘进机（钻井机）的发展，掘进机刀具在材质、型式上也有多方面的变化和发展。图 2-12 是美国休斯工具公司制造的球齿滚刀和楔齿滚刀，其滚压破岩方式与上述牙轮相同。

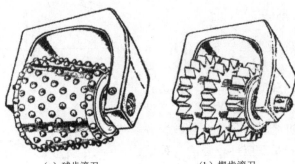

（a）球齿滚刀　　　　　　　　（b）楔齿滚刀

图 2 - 12　球齿滚刀和楔齿滚刀外形图

盘刀在滚压岩石面上造成连续破坏，见图 2 - 13（a）；牙轮造成非连续破坏，见图 2 - 13（b）。无论哪种破坏，工具所施加的外载荷是轴压力（推力）P 和滚动力（扭矩）M。轴压力使工具压入岩石，滚动力使刀具滚压岩石，这是滚压破岩所独有的特点，是区分其他机械破岩方式的标志。

岩石与钢材不同，它由各种不同强度的矿物组成，存在各向异性和不均质特征，而且大多数中硬和坚硬的岩石是脆性体。滚刀在这类介质滚动时，恰像大车在软硬不同路面行驶一样，软的地方压入深，硬的地方压入浅，使刀体做上下往复运动，造成对岩石的冲击。对于牙轮（包括嵌齿的滚刀），除了岩石不均匀性造成的冲击外，本身具有冲击运动。当牙轮转动时，牙轮的齿以单齿和双齿交替地进行着地，见图 2 - 14。单齿着地时，牙轮轴心在 O 点，双齿着地时，其轴心降至 O_1 点，然后由 O_1 又升到 O_2，如此反复地进行，从而造成对岩石的周期性冲击。

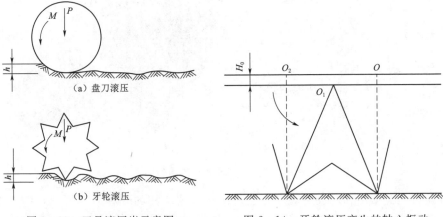

（a）盘刀滚压

（b）牙轮滚压

图 2 - 13　刀具滚压岩示意图　　　图 2 - 14　牙轮滚压产生的轴心振动

冲击周期即为齿与岩石接触（齿压入岩石）一次所需的时间，保证完全破碎的条件是冲击周期大于破碎岩石所需的时间。由于对岩石破碎性质研究的不充分，各国研究人员对齿与岩石接触时间的选取极不一致，一般来说，钻齿与岩石接触的时间与岩石性质有关，根据实测结果，同样条件下，脆性岩石冲击破碎所需要的时间比塑性岩石少 8 倍。

滚压破岩中剪切和碾碎作用源于如下 3 个方面：①滚压工具与岩石接触界面上的摩擦力，它对接触面的岩石表面产生碾碎作用；②滚压工具作圆周运动时的向心力，它对滚压工具内侧岩石产生剪切作用；③人为地造成滚刀或牙轮的滑动。从摩擦角度而言，滑动是有害的，但对塑性类的岩石，滑动有助于扩大岩石破碎面积，提高破碎效率。这种破碎岩石的过程类似切削（刮刀），它与切削的区别是在冲击使岩石压碎成许多漏斗的条件下，工具通过滑移而使岩石破碎。为了实现滚刀或牙轮与破岩面之间的滑动，一般采用移轴、复锥和超退顶的方法。

综上所述，滚压破岩是既有冲击压碎、又有剪切碾碎作用的复合运动，因而滚压破岩机理极其复杂，需对裂纹的发生、扩展、汇交、破碎判据、漏斗的形成等一系列问题进行深入的研究。

第3章
数字钻进技术软硬件系统

3.1 数字钻进信息采集和分析

3.1.1 数据采集类型

数字钻进信息采集需要做到安全适用、经济合理、技术先进、保证质量。在地质条件复杂、无法钻取芯样或需要通过数字钻进技术评价岩土体特性时，宜开展钻进过程信息自动采集。采集工作应综合考虑采集目的、地质条件、钻机类型、钻孔类型等因素，制定合理方案后实施。采集时应做好安全防护措施，确保设备和人员安全。

钻具响应信息的采集项目应根据钻机特点、采集目的等因素综合确定。钻具响应信息还要记录工程概况、钻具、采集设备、钻孔工艺、钻孔倾斜度、实施过程等的基本信息，自动采集的项目可根据表3-1选择或增加。采用电力驱动时应考虑采集钻进时的电压和电流。

表3-1   采集的主要数据项目

采集项目	冲击钻进作用	回转钻进作用	冲击回转钻进作用
钻进位移	√	√	√
转速	○	√	√
钻进压力	√	√	√
冲击压强	√	—	√
缓冲压强	○	—	○
钻进扭矩	○	√	○
旋转压强	○	○	○
冲击加速度	√	○	○

采集项目	冲击钻进作用	回转钻进作用	冲击回转钻进作用
驱动液（气）流量	○	○	○
冲洗液压力	○	○	○
冲洗液流量	○	○	○

注 √表示应采集，○表示可采集，—表示不采集。

3.1.2 采集的方法和装置

数字钻进信息自动采集的方法应简单易行、安全可靠，根据采集目的、钻机特点、钻孔类型、工程地质特点等因素综合确定。应选择施工干扰小、耐久性好、安装简便的钻进过程信息自动采集装置。数据传感器主要包括：位移传感器、液压传感器、转速传感器、扭矩传感器以及电流传感器等。自动采集所用的传感器、采集器等器件的防护等级不应低于 IP64，采集时不影响钻机正常工作。

1. **钻进位移**

钻进位移宜采用拉线位移传感器、激光位移传感器、旋转编码器等方法测量。当采用旋转编码器来测量钻进位移时，其数据应按照旋转编码器的要求进行换算。拉线位移传感器宜连接在钻机轴向给进伸缩部件。

2. **钻进扭矩**

扭矩宜采用扭矩传感器测量。扭矩传感器宜安装于钻机传动轴或钻杆，扭矩传感器与传动轴或钻杆的同轴度误差不应大于 3mm，以防止偏心影响测试数据的可靠性。扭矩传感器与钻具的接头必须牢固，接头应能同时承受钻机最大功率时的正向和反向扭转作用。安装扭矩传感器测量钻进扭矩比较困难时，可采用钻进压力及钻杆转速间接计算钻进扭矩。

3. **钻进压力**

钻进压力可采用压力传感器直接测量，或通过测量液（气）压强计算得到。压力传感器可安装在钻杆中，不影响钻机正常、安全使用。

4. **转速**

钻具转速可通过转速传感器测量钻机旋转轴的转动速度，用于直接或间接测量钻头转速。安装非接触式转速传感器时，应严格控制安装间隙，确保测量精度。转速测量装置应安装稳固，周围环境应保持清洁，防止卷入杂物。

5. **冲击加速度**

冲击加速度宜采用加速度（速度）传感器测量。加速度（速度）传感器宜

安装在钻杆或可直接反馈钻杆冲击振动的部位。加速度传感器应具备强振动条件下长期稳定工作的能力

6. 液（气）压强、流量

液（气）压强主要包括推进压强、旋转压强、冲击压强等。液（气）压强、流量宜通过液（气）压强传感器和流量传感器量测。液（气）压强传感器的安装位置应能直接量测压力大小及变化。采用流量传感器采集液体流量信息时，管路和传感器都应标记液体流动方向。

7. 钻进时间

采集时间应使用采集设备内置的时钟自动记录各个响应信息的采集时刻。

8. 采集精度和频次

采集精度和频次按照地质情况、设备性能、数据用途等因素综合确定。传感器量程应满足采集项目的最大量程要求。传感器测量误差不应大于采集最大值的1‰，钻进给进机构单次行程的位移测量误差不超过±2mm。数据采集的时间间隔应能满足数据变化的连续性要求。地层不均匀或地质条件复杂时，采集频率和精度应适当提高。

所采用的传感器均应在检定（校准）的有效期内，性能应符合相应的技术要求。自动采集装置应由专人负责安装，并定期进行维护保养和检查。所有装置应有唯一编号，并在设备上标识。

数据自动采集装置应具备以下功能或器件：

（1）数据自动记录装置。

（2）数据储存及必要的显示功能。

（3）相关测量传感器。

3.1.3 数据管理和分析

开展数字钻进信息采集的工程概况、周边环境、地质条件、采集设备、采集人员及采集过程和数据等信息均应进行记录和整理，并编制报告。所有原始记录和数据均应妥善保存，不得篡改。

根据采集的项目和方法对数据进行整理，并绘制相应的图件。数据存放文件宜采用工程名称和钻孔编号组合命名，宜采用开放的文件格式进行保存。采集信息的数字、字符宜采用 ASCII 码编码，汉字宜采用 GB 2312 编码，基本汉字字库应符合 GB 2312 一级字库的规定。

自动采集装置的数据通信应采用标准通信接口和协议，数据终端应具备通用数据接口（RS-232C 串口或 USB），以便于与外部设备进行数据通信。宜利用无线传输或通信模块，将数据及时保存到服务器或云端。

3.1.4 报告编制

数字钻进信息采集成果报告应包含下列内容。

（1）采集目的、采集任务的要求和依据的技术标准。

（2）工程概况、地质条件、周边环境等基本情况。

（3）用于现场采集的设备、钻具及其安装，现场钻孔信息，采集过程。

（4）采集的数据、整理的参数、曲线、图件、表格等。

（5）分析成果。

项目如有岩土芯样，应将相关的钻孔柱状图、岩体性状描述、照片等纳入到成果报告内。成果报告应该资料完整、真实准确、数据无误、图表清晰，结论有据，便于使用和长期保存。现场记录的表格、采集的数据应有记录人和负责人的签名。

3.2 数字钻进技术硬件系统

3.2.1 硬件系统组成

数字钻进技术硬件设备应根据钻机工作特点选定，一般由数据采集处理装置、模拟掘进装置、动力装置和数字传感器四部分组成。常见数字钻进技术硬件设备组成示意见图 3-1。

数据采集处理装置包括可编程逻辑控制器、电源模块、无线数据传输模块。模拟掘进装置包括固定底座、支架、压力磨盘、钻杆和钻头，压力磨盘固定于支架上部并紧握钻杆，推进钻头前进，支架靠近岩体部位由固定底座进行位移约束。中国水利水电科学研究院整合数据采集处理装置，研发了数字钻进采集仪，见图 3-2。

动力装置通过油泵持续供给压力液体，推进油压管道、后退油压管道以及扭转油压管道使压力磨盘产生向下推进力、向上拉拔力和扭转力，并传输到钻杆，进而钻头向岩体内部挤压破岩。动力装置还包括转动马达、扭转传动器和调节压力控制器，转动马达和扭转传动器使钻杆以稳定速率转动，调节压力控制器可通过不同挡位来选择推进力，并由油压显示器显示所给压力。

数字传感器安装于模拟掘进装置传力部位，包括位移传感器、转速传感器、推进和后退压力传感器、电流传感器和扭矩液压传感器，精确测量装置的压力、位移、转速、电流以及扭矩等信息。其中，通过位移传感器测定压力磨盘的上下位置移动量，通过转速传感器测定钻杆的转动速度，通过推进和后退压力传感器测定钻头向下的推力，通过电流传感器测定油泵和转动马达的总供给电流，通过扭矩液压传感器和扭矩仪测定钻杆的扭矩。

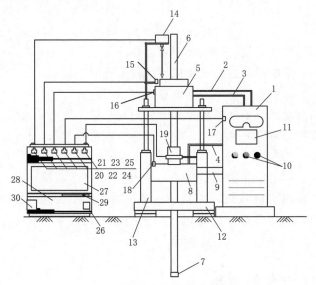

（a）数字钻进技术硬件设备整体

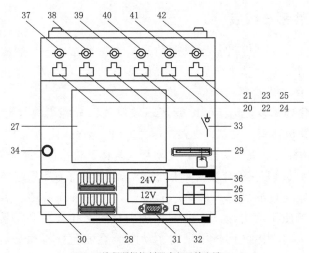

（b）可编程逻辑控制器内部及输出端口

图 3-1　数字钻进技术硬件设备组成示意图

1—油泵；2—推进油压管道；3—后退油压管道；4—扭转油压管道；5—压力磨盘；6—钻杆；7—钻头；
8—转动马达；9—扭转传动器；10—压力控制器；11—油压显示器；12—固定底座；13—支架；
14—位移器；15—转速器；16—前进后退液压器；17—电流器；18—扭转液压器；19—扭矩仪；
20—位移模块；21—转速模块；22—液压模块 A；23—电流模块；24—液压模块 B；25—扭矩
模块；26—指示灯；27—显示器；28—数据储存器；29—USB 闪存；30—无线传输模块；
31—数据传输端口；32—电源接入口；33—电源开关；34—传感器电源接口；35—12V 电源；
36—24V 电源；37—位移器数据接口；38—转速器数据接口；39—前进液压器数据接口；
40—电流器数据接口；41—扭矩液压器数据接口；42—扭矩仪数据接口

（a）整体外形　　　　　　　　　　（b）内部结构

图 3-2　中国水利水电科学研究院研发的数字钻进采集仪

可编程逻辑控制器包括位移模块、转速模块、液压模块 A、电流模块、液压模块 B 和扭矩模块。数字传感器通过数据传输端口与可编程逻辑控制器位移模块连接，通过电源接入口和电源开关控制工作状态，可配有 24V 电源和 12V 电源，且数据接口细分为位移器数据接口、转速器数据接口、前进液压器数据接口、电流器数据接口、扭矩液压器数据接口、扭矩仪数据接口。

数字钻进过程监测的主要操作步骤如下。

（1）将模拟掘进装置固定于待测岩体表面，通过调节固定底盘和支架使设备不能发生上下、左右和前后位移以及扭转，保持钻头与岩土面垂直。

（2）将传感器数据传输端口与可编程逻辑控制器位移模块连接，通过电源接入口和电源开关控制工作状态，配置传感器接口。

（3）调节压力控制器转动马达，通过钻杆设置固定的向下钻进压力和转动速度。

（4）通过压力磨盘和扭转传动器带动钻头向下掘进岩体。

（5）布设位移传感器监测钻头上下位移量，布设转速传感器监测钻头转速，布设压力传感器监测钻头钻进压力，布设电流传感器监测功率消耗，布设扭矩仪监测钻头转速扭矩，安装并开启数据采集处理装置。

（6）掘进时间固定后，测量掘进深度，采集可编程逻辑控制器位移模块、转速模块、液压模块 A、电流模块、液压模块 B 和扭矩模块的相应数据，并由数据储存器记录钻进压力、扭矩和推进过程中的功率消耗，利用无线传输模块将信号发送。

3.2.2　数字钻进硬件设备

目前，数字钻进硬件设备已在地质钻机（图 3-3）、TBM 超前钻机（图 3-4）、全液压机械顶驱钻机（图3-5）以及全电脑凿岩台车钻臂（图3-6）等各类钻机上成功实践，实现了钻进响应数据的自动采集、保存和分析。

（b）液压传感器   （e）激光位移传感器

（c）数据采集仪   （f）盘式扭矩传感器

（d）数据传输   **（a）地质钻机及钻进监测**   （g）转速传感器

图3-3 地质钻机数字钻进技术实践（广西大藤峡水利枢纽工程）

（b）超前钻孔

（a）TBM超前数字钻机   （c）数据采集仪

图3-4（一） TBM超前钻机数字钻进技术实践（吉林引松供水工程）

（d）液压传感器　　　（e）位移传感器　　　（f）电流传感器　　　（g）转速传感器

图 3-4（二）　TBM 超前钻机数字钻进技术实践（吉林引松供水工程）

（b）激光位移传感器

（c）数据采集仪　　　　　（a）数字钻机　　　　　（f）数字传输模块

（d）转速传感器

（e）压力传感器

图 3-5　全液压机械顶驱钻机数字钻进实践（四川拉哇水电站）

（a）全电脑凿岩台车数字钻进内置

图 3-6（一）　全电脑凿岩台车冲击钻臂数字钻进技术实践
（中铁工程装备集团有限公司制造）

（b）数据采集仪　　　　　　　　　（c）高精度数字传感器

图 3-6（二）　全电脑凿岩台车冲击钻臂数字钻进技术实践

（中铁工程装备集团有限公司制造）

在实际应用时，传感器和数据采集仪会根据实际需要布置。通常液压传感器安装于钻机推进装置的输油管道，用于获取钻进压力或冲击压力（F，kN）。在钻机钻杆上设立特殊的标志点，转速传感器安装在距离标志点 $10\sim12$ mm 处，用于监测钻头转速（n，r/s），并通过非接触式空气耦合装置传输数据信号。盘式扭矩传感器可安装于钻杆上，内部转子随钻杆转动时测量受力，由外部定子解译信号并传输到数据采集仪，用于监测钻进扭矩（M，N·m）。此外，对于全液压钻机，也可以通过流量和压力传感器间接获得钻进扭矩。通过激光传感器或拉线位移传感器监测钻进位移（s，mm），激光传感器的标靶放置在随钻杆移动的钻机磨盘上，监测精度需要达到 0.1mm。通过数据采集仪，F、n、M、s 会被同步和实时采集，数据采样时间间隔为 1s，并传输到数据自动采集仪和网络云端，实现数据融合和保存。

3.3　数字钻进技术软件系统

3.3.1　软件系统架构

数字钻进技术软件系统包括数据处理和数据展示模块，其系统架构主要遵循以下原则。

（1）采用先进成熟的技术。系统技术选型及方案设计需采用成熟的、具有国内先进水平的、符合国际发展趋势的技术、软件及设备，确保系统的稳定可靠及可持续性。

（2）采用开放标准的技术。在进行方案设计及技术选型时，尽量采用遵循开放标准的技术，包括国家/行业规范、技术体系规范、国际相关领域的标准规范等。采用开放标准的技术，便意味着有更多的供应商选择，而不是绑定到一家供应商从而为系统的可持续性带来风险。

（3）安全性和可靠性。安全性和可靠性是业务系统运行的基础保障，在设计技术选型、方案设计时需要充分考虑；从技术架构设计、数据架构设计、数据通信方案、系统部署及运行维护方案等各个环节充分考虑安全性和可靠性。

（4）具有良好的可扩展性。在技术方案设计时要充分考虑可扩展性，以灵活应对新的用户需求及用户业务规则的变化；同时方便支持与其他系统的对接。

（5）用户操作友好、简单方便。用户交互界面的设计要充分考虑最终用户特征及技术能力，做到风格统一、简洁明了、直观方便，尽量保持较低使用门槛。

（6）支持云端部署和与其他平台融合。支持云端部署与更新，整体提高系统的可用性和广泛应用价值。

根据面向的工程需求不同，数字钻进技术软件系统应该是灵活的，主题功能可以移植或改造。中国水利水电科学研究院制作的数字钻进技术软件系统架构示意方案见图3-7，分别简述如下。

（1）数据接口：主要是数据输入、转换、输出，以及和其他软件或平台的融合。

（2）隐藏层1：包括数字钻进过程响应数据、工程参数、钻孔编号、钻孔定位信息，以及对应的岩体物理力学参数数据库。

（3）隐藏层2：内置数据清洗、编排、筛选及处理软件，实现数据标准化，具有将数据按照时间序列和深度序列排序的功能，以满足显示要求。

（4）隐藏层3：可得出数字钻进机-岩感知映射关系，同时根据测试结果，演化出模型的参数，在此基础上实现数据插值，以便为绘图服务。

（5）展示层1：岩体特征的一维、二维、三维云图展示，主要特征包括岩石抗压强度、弹性模量、岩石硬度、抗拉强度和岩石脆性等指标。

（6）展示层2：包括系统功能按键、钻机响应参数显示、随深度或时间变化的数据图形显示。

3.3.2　数据处理程序

数据处理程序目的是将相对凌乱的海量钻进响应信息处理为有序、简洁和规律的标准化数据文件。数据处理流程前期往往以时间序列为主轴线，后期排布以深度序列为主轴，时间序列和深度序列相互辅助。经过大量数据清洗、筛选和剔除等操作（图3-8），形成以时间和位移序列为基础的主要钻进参数变化图。

伺钻手因为回杆、停钻（堵塞）、松钻、停滞、重钻以及清洗等操作而产生大量的无效钻进数据，剔除这些无效数据得到纯钻进时间数据的原则有：

（1）钻进压力和旋转转速为负值或低于一定临界值，需删除该时段无效数

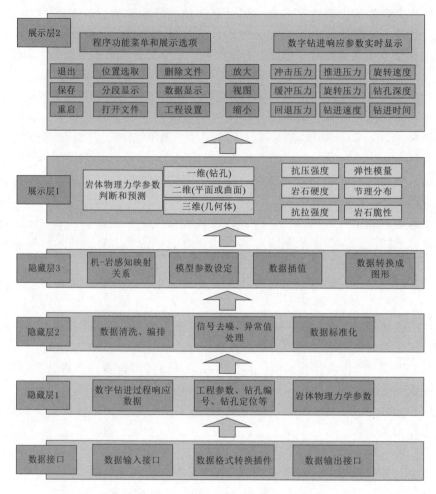

图 3-7 数字钻进技术软件系统架构示意图

据,并重新进行时间编码。

(2) 钻孔深度大幅度降低(或出现回退压力)时,需剔除该时段无效数据,直至钻孔深度回到之前有效钻孔时钻杆的位置,并重新进行时间编码。

(3) 钻孔深度长时间停滞在某一位置,需删除该时段所有无效数据,直至钻进重新进行,并重新进行时间编码。

(4) 钻孔有重复回退并重新钻进现象,需剔除该时段无效数据,直至钻孔深度回到之前有效钻孔时钻杆的位置,并重新进行时间编码。

对数据进行清洗,要实现数据自动排布、缺失值处理、异常值筛选、去重处理和噪声数据滤波等。数据清洗的主要流程是数据预处理、确定数据清洗方法、校验数据清洗方法、执行清洗工具和数据归档。数据清洗的原理是通过分

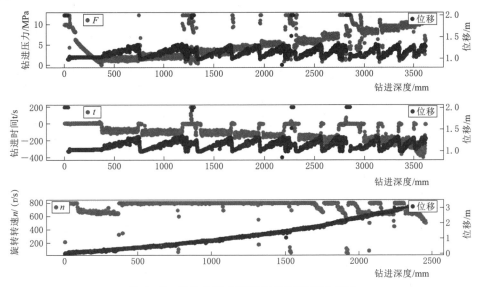

图3-8　数字钻进主要钻进参数处理示意图

析"脏数据"产生的原因和存在形式,利用现有的技术手段和方法去清理"脏数据",将"脏数据"转化为满足数据质量或应用要求的数据,从而提高数据集的数据质量。对于缺失值的处理一般是设法把它补上,或者干脆弃之不用。一般方法有:忽略元组、人工填写缺失值、使用一个全局变量填充缺失值、使用属性的中心度量填充缺失值、使用与给定元组属同一类的所有样本的属性均值或中位数、使用最可能的值填充缺失值。噪声是被测量变量的随机误差或方差,可采用低通、高通、带通、带阻滤波,相关滤波,限幅滤波,中值滤波等方法实现数据清洗。

对钻进深度-时间函数进行积分处理,得到钻进响应参数与时间(或位移)关系的规律,例如钻进压力(F)、旋转转速(n)、钻进速度(v)和钻进过程指数(DPI)等指标随深度变化图(图3-9)。依据数字钻进数据确定不同评价指标(钻进速度、钻进过程指数、单位体积钻进耗能、切深斜率等)对应的岩体特征(完整性、单轴抗压强度、磨蚀性指数、抗拉强度和硬度等),再划分钻孔岩体特征随深度变化图。

3.3.3　数据展示程序

数字钻进的核心任务之一是通过机-岩感知关系给出工程岩体特征评价。实际应用时,工程人员更加需要得到直观的岩体参数展示图。因而,数据展示模块尤为必要。中国水利水电科学研究院根据数字钻进钻具响应特征与大量岩石参数数据得到的映射关系,开发了岩体工程特性三维成像软件,实现了二维的钻孔岩体参数随钻进深度变化的可视化展示和多孔三维插值模型图,见图3-10。

目前,数字钻进岩体质量分析程序已逐渐开发和完善。中国水利水电科学

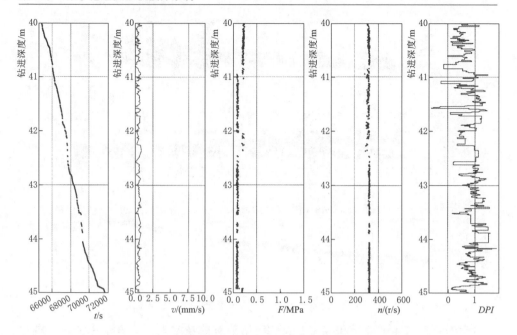

图 3-9　通过 Python 语言实现的数字钻进数据处理和展示

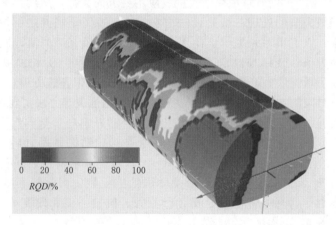

图 3-10　数字钻进地层岩性三维展示示意图（以 RQD 为例）

研究院和中铁工程装备集团联合开发的凿岩台车岩体质量分析系统软件（图 3-11），成功实践到 DJ3E 系列全电脑的凿岩台车，并实现了量产和在川藏铁路线的工程应用。

　　凿岩台车岩体质量分析系统软件通过 APP 的方式实时接收凿岩台车施工生成的工程信息、随钻信息、岩体质量、超前钻孔等数据文件来进行岩体参数的二维和三维分析展示，可满足不同施工需求分析，见图 3-12。主要功能包括：基础信息的录入和查询、数据录入、随钻信息、岩体质量和超前钻孔、系统管理。

图 3-11 数字钻进凿岩台车岩体质量分析系统

（a）工程基本信息显示

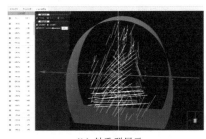

（b）钻孔群展示

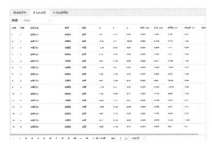

（c）钻进数据显示

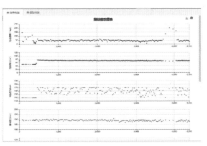

（d）钻孔数据图标展示

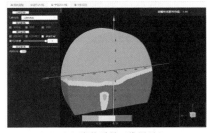

（e）岩体质量三维展示

（f）系统管理

图 3-12 凿岩台车岩体质量分析系统功能展示

第4章
钻进过程中岩石旋切破碎机理

随着地下工程建设的快速发展，大量的破岩技术被用于提高隧道开挖效率，这其中包括钻爆破岩、机械破岩、激光破岩、高压水射流破岩和热机碎岩。在这诸多破岩方法中，大部分都处于试验研究阶段，只有钻爆破岩和机械破岩被公认为是经济效益好且运用广泛的开挖方式。无论是钻爆，还是机械开挖，大都使用不同类型的旋切钻头，通过加载压力使钻头侵入岩石表面，解除表面岩石弹性变形，形成破碎核心区，随后钻头通过切削运动剥离表面岩石，整个岩石破碎过程实质是钻具与岩石相互作用的过程。因此开展岩石破碎过程中机-岩相互作用研究对揭示岩石旋切破碎机理、提高岩石破碎效率和降低钻头磨损等至关重要。

本章基于自主研发的岩石旋转切割装置对太行山脉花岗质片麻岩、方解石大理岩以及白云质灰岩开展了不同切割参数下的岩石旋切破碎试验，分析了机-岩相互作用过程中岩石旋切破碎机理和影响旋切破碎特征的主要因素，为实际岩石破碎过程研究提供相应的理论基础。

4.1 岩石切割破碎试验材料及方法

本试验采用的岩石由河南新乡太行山脉采石场取得，通过 X 射线衍射仪的岩性分析结果发现岩石主要由花岗质片麻岩、方解石大理岩和白云质灰岩组成，具体岩石成分分析见表 4-1。随后将上述 3 类岩石制成标准圆柱形岩样（$\phi 50\text{mm} \times 100\text{mm}$），根据《水利水电工程岩石试验规程》（SL 264—2001）和岩石三轴应力试验机的围压量程要求进行岩石三轴压缩及变形试验、岩石磨蚀试验，以获得岩样的单轴抗压强度、抗拉强度和抗剪强度（图 4-1）。其中每种岩样在围压为 0MPa、1MPa、2MPa、3MPa 以及 4MPa 的试验条件下进行三轴压缩及变形试验（每种试验条件进行 5 次岩石三轴压缩及变形试验），以获得岩石的力学强度；同时参照国际岩石力学学会（International Society for Rock Mechanics，ISRM）推荐的试验流程进行 Cerchar 磨蚀试验，每种岩样进行 5 次

CAI 值测量，即采用 5 根钢针对同一岩样进行测量，具体岩体参数见表 4 - 2。由表 4 - 2 可知上述岩石的岩体参数呈一定梯度分布，其中白云质灰岩抗压强度最高，其他岩体参数次之；而花岗质片麻岩抗压强度居中，其他岩体参数都属最高；方解石大理岩各项岩体参数最低。

表 4 - 1　　　　　　　　　　　岩 石 成 分 分 析

编号	岩样名称	岩样图片	成 分 分 析	
C1	花岗质片麻岩		斜长石：35%～40%；碱性长石：20%～25%；石英：25%；黑云母：15%～20%；磷灰石、锆石及不透明矿物：<1%	
C2	方解石大理岩		方解石：约98%；石英：1%；白云母：<1%；不透明矿物：<1%	
C3	白云质灰岩		白云石：约99%；石英：<1%；方解石：<1%；不透明矿物：<1%	

表 4 - 2　　　　　　　　　　岩石三轴试验及磨蚀试验结果

岩石类型	抗压强度/MPa	抗剪强度/MPa	抗拉强度/MPa	磨蚀性参数CAI	磨蚀性评价
花岗质片麻岩	87.20	14.13	9.93	4.07	很高
方解石大理岩	42.90	6.00	3.71	1.30	低
白云质灰岩	95.36	12.50	6.87	2.45	中等

本书采用图 4 - 2 中的室内岩石旋转切割试验装置进行岩石旋切破碎试验。该岩石旋转切割试验装置包括 BDS 型磁力钻机、承压装置、数据采集系统以及高速摄像机。其中磁力钻机由于体重较轻、吸附能力强且存在过扭和过热保护，

（a）三轴压缩及变形试验

（b）岩石磨蚀试验

图 4-1　岩石三轴试验及磨蚀试验示意图

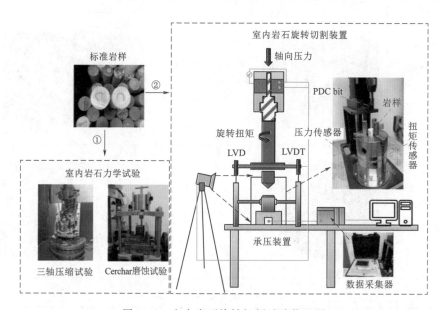

图 4-2　室内岩石旋转切割试验装置图

适用于室内机械、岩土等钻孔操作，经常被选为室内旋切破碎试验仪器。本试验选取 BDS-MAB-1300 型磁力钻机，该磁力钻机性能稳定、精度高、操作简单，可根据试验要求改变加载压力、旋转转速和钻头类型。承压装置为自行研制的岩样夹持容器盒，该承压装置可根据岩样尺寸改变夹持口直径，同时可通过改变夹持口螺栓位置调整岩石围压大小。研究表明室内传统切割装置多为直接监测钻机施加的扭矩和加载压力，由于扭矩和压力沿钻杆损耗导致岩石实际承受的旋切扭矩和加载压力与钻机施加的扭矩和加载压力有所偏差。因此该承压装置将扭矩传感器、压力传感器和围压传感器都嵌入承压装置里面，实时监测岩样实际承受的扭矩、加载压力和围压大小。数据采集系统用于实时记录上述传感器的信息随时间的变化，同时对采集的传感器数据以固定格式传送到电脑内，显示格式为：时间-位移-加载压力-扭矩-钻速-围压。在试验过程中，高速摄像机可实时记录不同钻进条件下岩石破碎表象特征。室内岩石旋转切割试验装置参数详见表 4-3。

表 4-3　　　　　　　　　　室内岩石旋转切割试验装置参数

试 验 装 置		参 数 描 述
高速摄像机		型号：i-speed 221 分辨率：1600×1600 的分辨率传输器，最高分辨率为 600 帧/s，最大帧速率为 204100 帧/s 内存：2GB
BDS-MAB-1300 型磁力钻机		最大加载压力：视压力传感器量程（主要由手动施加） 旋转转速：30～550r/min（4 挡钻速） 钻头行程：85～310mm 钻进深度：30～100mm
数据采集系统		能实时记录各传感器的数据变化，以特定的格式输入数据处理软件内由 Excel 显示，显示内容包括：时间-位移-加载压力-扭矩-钻速-围压
承压装置		包括轴向压力传感器、扭矩传感器和试验夹持盒 压力传感器量程：0～2000N 扭矩传感器量程：1000N·m
钻头		钻头角度：90°、120°、180° 钻头直径：8mm、12mm（用于岩石切割过程中机-岩相互作用机制研究试验）

在完成基本岩石力学试验后，基于岩石旋转切割试验装置开展不同钻进条件下的岩石旋切破碎试验，具体试验步骤如下。

（1）在钻头角度为 90°、120°和 180°，加载压力为 0.72kN、1.33kN、1.95kN 和 2.56kN，旋转转速为 30 r/min 的正交钻进条件下对上述 3 种岩样进行旋切破碎试验，其中每种岩石在每类钻进条件下进行 3 次试验。待钻头旋转 30s 后停止试验，利用筛分法对岩屑重量和尺寸进行统计以确定破碎颗粒粒径分布，其中筛孔直径包括 1.4mm、1.18mm、0.85mm、0.6mm、0.3mm、0.212mm、75μm 及

$35\mu m$；随后确定各粒径重量和特征粒径大小，并通过高速摄像机实时记录不同钻进条件下岩石破碎表象特征。

（2）最后在钻头角度为 180°、旋转转速为 30r/min 和 50r/min 的正交钻进条件下对上述 3 种岩样施加不同的加载压力，其中每种岩石在每类钻进条件下至少进行 3 次试验。通过数据采集系统记录不同加载压力下的旋切扭矩变化，确定岩石破碎过程中加载压力与旋切扭矩的相关关系，探讨机-岩相互作用过程中岩石破碎机理。

4.2　机-岩相互作用过程中岩石旋切破碎机理

在机械岩石破碎机理研究方面，大部分国内外研究对钻孔岩石切割破碎进行线性切割简化，集中描述岩石线性切割破碎的表象特征，而实际旋切破岩过程中钻头不仅有线性切割过程，还包含持续的复杂贯入破碎过程，这导致对岩石持续旋转切割破碎特征了解甚少。

表 4-4 为高速摄像机记录的岩石旋切破碎过程。由表可知岩石破碎过程主要包括贯入压缩破碎阶段和切割破碎阶段。在加载压力作用下刀具开始贯入岩石表面（贯入压缩破碎阶段），随后刀具在扭矩作用下开始横向切割被贯入的岩石（切割破碎阶段），在岩石切割破碎的同时刀具持续贯入岩石内部，导致钻头在岩石内部运动轨迹呈螺旋线型（持续切割破碎阶段）。在持续切割破碎阶段部分大尺寸的岩屑因吸收了较大切割破碎能而发生崩裂，而大部分岩屑堆积在钻头切割槽内。当钻进深度持续增加，堆积在切割路径上的岩屑不能及时清洗，需要克服的摩擦能则会急剧增加，导致切割效率下降。

表 4-4　　　　　　　　岩 石 旋 切 破 碎 过 程

岩石	贯入压缩破碎阶段	切割破碎阶段	持续切割破碎阶段	破碎岩屑	碎屑尺寸图
花岗质片麻岩	贯入破碎 压痕线	破碎边界	破碎岩屑 持续贯入		
方解石大理岩	贯入破碎岩屑 压痕线	大尺寸岩屑 破碎边界	岩屑堆积 持续贯入 大尺寸岩屑		

岩石	贯入压缩破碎阶段	切割破碎阶段	持续切割破碎阶段	破碎岩屑	碎屑尺寸图
白云质灰岩	贯入破碎 压痕线	大尺寸岩屑 破碎边界	破碎岩屑 持续贯入		

为精细化展示岩石破碎过程，结合岩土钻掘理论和岩石破碎试验结果绘制了不同视角下的岩石破碎情况（图 4-3）和机-岩相互作用过程中岩石破碎过程（图 4-4）。由图可知，岩石在刀具加载压力和旋切扭矩作用下形成应力集中区，当作用力大于岩石单轴抗压强度时，刀具在岩石表面形成岩石贯入压缩破碎区，其中破碎区的体积大小、形状与综合作用力的大小有关。在岩石贯入压缩破碎区边界存在大量源于贯入破碎区的扩展裂纹 [图 4-4 (a)]。当岩石贯入压缩破碎区形成后，旋切扭矩通过破碎的颗粒向岩石传递切削力，在岩石与刀具切向接触位置发生剪切破坏，形成剪切裂纹 [图 4-4 (b)]。在剪切裂纹末

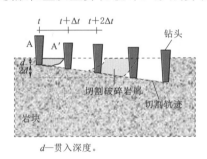

d—贯入深度。

（a）水平二维视角岩石切割轨迹

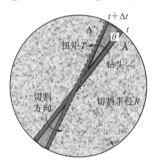

（b）俯视岩石切割轨迹

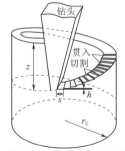

z—总切割深度；h—单齿贯入深度
s—单齿切割长度；r_2—岩样半径

（c）钻头螺旋切割轨迹

图 4-3 机-岩相互作用螺旋切割轨迹

端，岩石应力状态低于岩石韧性断裂标准，剪切裂纹分叉成拉伸裂纹。随着拉伸裂纹持续扩展，当裂纹与岩石表面相交时岩石发生破碎［图 4-4（c）］。当岩石切割破碎后，旋切扭矩会急剧下降，刀具在加载压力作用下再一次与岩石接触并循环切割岩石［图 4-4（d）］，并呈螺旋状侵入岩石（图 4-3）。对比上述 3 类岩石的切割破碎情况，发现不同岩性的岩石都遵循上述机-岩相互作用过程中岩石破碎机理。主要区别在于抗拉强度、抗剪强度及磨蚀性低的岩石，切割深度大、切割效率高（切割体积大），且易出现大尺寸的岩屑。

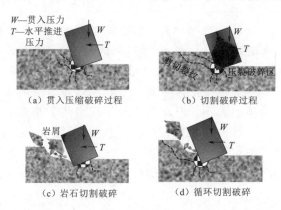

（a）贯入压缩破碎过程　　　　（b）切割破碎过程

（c）岩石切割破碎　　　　（d）循环切割破碎

图 4-4　机-岩相互作用过程中岩石破碎过程

由上可知，岩石旋切破碎同时经历压缩破坏、剪切破坏、拉伸破坏，以及岩石与钻头附近的韧性断裂破坏。岩石内部裂纹始于贯入压缩破碎区域，其发育程度主要由剪切破坏和拉伸破坏共同影响，而裂纹进一步扩展主要受拉伸破坏控制。

4.3　岩石破碎影响因素分析

在机械破岩过程中，岩石破碎效率往往是决定工程经济可行性和工程进度安排的重要评价指标。定性分析岩石破碎过程影响因素是优化机械破岩过程破岩效率和厘清岩石破碎机理的关键。

图 4-5 为岩石单轴抗压强度与刀具旋转一圈破碎岩屑重量的关系。由图可知，岩屑重量随着岩石单轴抗压强度的升高而降低，降低速率随抗压强度升高而持续提高。由岩石破碎机理和 Chiaia et al.（2013）研究可知，在加载压力相同情况下，贯入深度随抗压强度升高而降低，且速率在逐步提高，即单轴抗压强度越小的岩石钻头贯入深度越大，刀具每旋转一圈切割破碎的岩屑重量也越大。

图 4-6 为岩石抗拉强度与岩屑粒径 d_{90} 的关系（d_{90} 为岩屑颗粒累积分布为

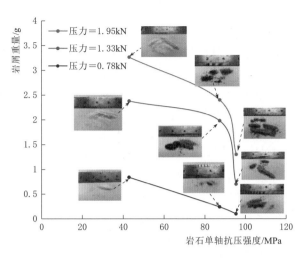

图 4-5 岩石单轴抗压强度与刀具旋转-圈破碎岩屑重量的关系

90％的大尺寸粒径,是评价岩石破碎程度的重要指标)。由图可知,大尺寸的岩屑随着岩石抗拉强度的升高而降低,降低速率随抗拉强度升高再持续提高。由岩石破碎机理和 Evans 岩石破碎模型可知,岩石切割破碎过程中,控制岩石破碎程度的一个重要因素为岩石抗拉强度。在相同的钻进参数下,钻机输入能量不变,岩石抗拉强度越小,破碎单位体积的岩石所需的能量越少,导致破碎岩屑尺寸较大,降低速率也随抗拉强度升高而持续提高。

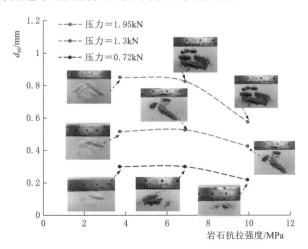

图 4-6 岩石抗拉强度与岩屑粒径 d_{90} 的关系

综合图 4-5 和图 4-6 可知岩石旋切破碎过程中,岩石抗压强度和抗拉强度分别影响着岩石旋切破碎过程中的岩屑重量和尺寸分布。

　　图 4 - 7 和图 4 - 8 分别为加载压力与岩屑重量和岩屑粒径 d_{90} 的关系。由图 4 - 7 可知，加载压力与岩屑重量呈对数关系（$R^2 > 0.87$），随着加载压力的增加，岩屑重量也持续增加，但增加速率却在降低。由图 4 - 8 可知，岩屑粒径 d_{90} 与加载压力呈指数关系（$R^2 > 0.52$），且增加速率持续增加。由岩石破碎机理和 Chiaia et al.（2013）研究可知，在钻进过程中钻头贯入深度随着加载压力增加呈对数增加，随着加载压力的增加，钻进输入能量也持续增加，贯入深度的增加导致破碎岩屑重量持续增加，但增加速率却在降低。在钻头输入能量持续增加的过程中，钻头需要克服的摩擦能比例保持相对稳定，用于形成破碎岩屑的切割破碎能也持续增加，同时贯入深度随加载压力呈对数增加共同导致大尺寸岩屑（d_{90}）随着加载压力呈指数增加。

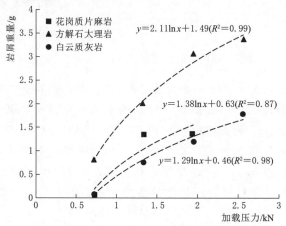

图 4 - 7　加载压力与岩屑重量关系

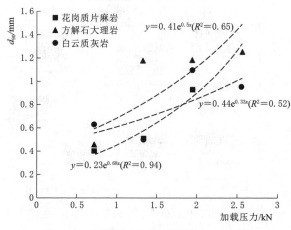

图 4 - 8　加载压力与岩屑粒径 d_{90} 的关系

　　图 4 - 9 为方解石大理岩在不同钻头角度下的岩石破碎情况，由图可知在切

割破碎过程中,钻头角度越小岩屑破碎量越大。主要原因是相同切割条件下,钻头角度越小钻头贯入岩石深度越大,且小角度钻头的破岩方式属于锥体形状渐进分段式破岩,破岩速度高于大角度钻头,导致小角度的钻头具有较高的破岩效率。

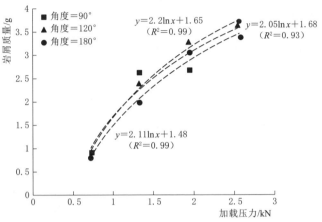

图 4-9　方解石大理岩在不同钻头角度下的岩石破碎情况

4.4　小结

本章基于自主研发的岩石旋转切割装置,开展了不同钻进条件下的室内正交岩石旋切破碎试验,明晰了机-岩相互作用过程中岩石旋切破碎机理,分析了影响岩石旋切破碎主要因素。结果表明,在岩石破碎过程中,钻头在贯入和切割共同作用下呈螺旋线型侵入岩石内部并导致岩石分别发生压缩破碎、剪切破碎和拉伸破碎。其中部分大尺寸岩屑因吸收的破碎能较大而发生崩裂,但大部分破碎岩屑堆积在钻头切割路径内且增加了切割摩擦能。钻头加载压力是岩石破碎程度的重要影响因素。在相同加载压力下,破碎岩屑重量和尺寸分布分别受岩石抗压强度和抗拉强度的影响。

第 5 章
旋切破岩数字钻进和岩体参数识别

岩土工程建设过程中，地层岩体信息一直是评估工程经济、技术可行性的重要指标。为获得详细且精确的地层岩体信息，地质工程师一般采用钻孔岩芯测试和地球物理勘探等方法获取地层岩体力学信息和岩体结构信息。然而由于经济效益、施工环境和勘探手段的限制，上述方法在一定程度上会延迟和干扰钻孔操作，降低施工效率。研究表明，原位数字钻进被认为是定量评估岩体力学特征的原位测试新方法。然而钻进过程中岩石破碎一直处于封闭空间，机-岩相互作用过程难以可视化观测，同时钻具响应数据随机波动大、辨识低、数据量巨大，共同导致机-岩信息互馈机制模糊不清，导致该方法一直处于初级探索阶段且未被广泛用于实际工程中。尽管在室内试验和现场工程的基础上初步建立了一些钻进响应参数和岩体力学参数经验关系，然而由于大多数钻进工程数据有限，同时尚未提出一个仅与岩体参数相关但且不受钻具参数影响的地层岩体力学参数识别指标，导致建立的机-岩信息互馈模型适用性一般，难以满足工程普适性需求。

本章采用数字钻进技术在大藤峡库区均质材料钻孔开展了不同钻进压力、旋转转速下的正交原位钻孔试验。结合钻进过程中机-岩相互作用机理和原位试验结果，推导并验证了钻进压力与岩石切割扭矩的映射关系，提出了定量描述岩体完整性的钻进过程指数（DPI）和岩体力学特征的切深斜率指数。其中钻进过程指数在完整岩块中是一个常数，可以通过数字变化反映裂隙岩体的结构特征（曹瑞琅等，2021）；钻进过程切深斜率指数与岩体力学特征参数映射关系不随钻具机械参数变化；据此建立了基于数字钻进技术的地层岩体参数定量探测方法。

5.1　旋切破岩数字钻进试验

为了建立钻具响应数据和岩体特征的关系，将研发的地质钻机数字钻进技术开展了系列均质材料的钻进正交试验。

首先，用直径 200mm 取芯钻头钻孔；然后，在此钻孔中由深到浅回灌 C20 等级砂浆，并养护至标准强度，形成均质材料的钻孔；最后，采用数字钻进系统开展原位钻进测试。试验用地质钻机具有 4 个可调节挡位，各个挡位对应的转速分别是 0.67r/s、1.92r/s、3.67r/s 和 6.67r/s，见图 5-1。钻机钻进压力由油压泵控制，当油压为零时，钻具和夹持装置受重力作用使钻头产生 8.5kN 的最小压力值，钻机最大钻进压力可以达到 80.0kN。为避免钻进过程中因为过大的钻进压力而出现卡钻等现象，试验中最终钻进压力变化范围为 8.5~66.2kN（图 5-1）。钻头钻进扭矩作为破岩过程中岩体所给予的一种反作用力，将受制于钻进压力和岩体特征参数。综上所述，在正常工作状态下的钻进，地质钻机的主要特征参数（F、n 和 M）可被全部监测和数据化。

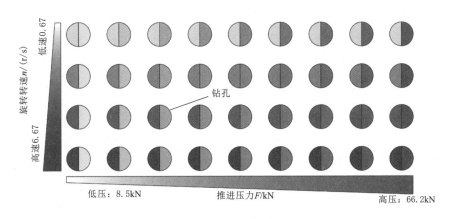

图 5-1 均质材料钻进试验

5.2 影响钻进速度的关键因素分析

针对均质材料数字钻进试验，一共开展了 37 组测试，正交试验参数见表 5-1。当钻头旋转转速（n）分别为 0.67r/s、1.92r/s、3.67r/s 和 6.67 r/s 时，随着钻进压力（F）的增加，试验方案编号依次为 A1~A10、B1~B10、C1~C8 和 D1~D9。试验设计的 F 值是 10~60kN，增加梯度是 10kN，但由于实际的 F 还要取决于钻具和材料之间相互作用，所以它是波动值。钻进位移（s）主要在 200~250mm 之间，随着钻进时间（t）减少，钻进速度（v）会逐渐增加，变化范围是 0.71~5.46mm/s。

表 5 - 1　　　　　　　　　　均质材料钻进试验结果

编号	$n/(r/s)$	F/kN	$M/(N \cdot m)$	s/mm	t/s	$v/(mm/s)$
A1	0.67	9.3	75.87	251.34	354	0.71
A2	0.67	11.5	92.59	252.75	337	0.75
A3	0.67	19.3	100.21	265.92	277	0.96
A4	0.67	28.8	119.40	260.91	223	1.17
A5	0.67	35.7	135.62	248.92	196	1.27
A6	0.67	41.3	153.17	239.94	186	1.29
A7	0.67	45.5	194.11	265.22	149	1.78
A8	0.67	51.6	184.27	258.44	142	1.82
A9	0.67	60.4	198.10	259.86	122	2.13
A10	0.67	66.2	224.30	170.04	78	2.18
B1	1.92	8.5	68.62	245.96	143	1.72
B2	1.92	19.3	96.66	266.40	120	2.22
B3	1.92	23.5	115.26	271.20	120	2.26
B4	1.92	29.3	119.63	226.54	94	2.41
B5	1.92	35.8	140.94	263.68	103	2.56
B6	1.92	42	165.21	252.01	79	3.19
B7	1.92	46.5	166.01	264.60	70	3.78
B8	1.92	53.1	186.22	252.72	72	3.51
B9	1.92	58.2	193.7	237.25	65	3.65
B10	1.92	60.5	211.73	199.92	68	2.94
C1	3.67	9.7	73.66	235.47	141	1.67
C2	3.67	18.3	99.04	236.71	90	2.63
C3	3.67	29.0	120.11	284.00	80	3.55
C4	3.67	34.9	138.58	241.68	57	4.24
C5	3.67	40.2	142.66	264.24	72	3.67
C6	3.67	46.7	172.63	246.62	59	4.18

编号	n/(r/s)	F/kN	M/(N·m)	s/mm	t/s	v/(mm/s)
C7	3.67	51.5	192.12	211.19	49	4.31
C8	3.67	57.5	200.30	178.02	43	4.14
D1	6.67	8.5	69.01	255.06	117	2.18
D2	6.67	11.5	79.32	263.61	101	2.61
D3	6.67	18.8	99.36	265.68	81	3.28
D4	6.67	25.1	110.88	236.28	66	3.58
D5	6.67	30.4	126.78	247.04	64	3.86
D6	6.67	35.5	143.69	240.30	54	4.45
D7	6.67	42.5	157.99	261.66	42	6.23
D8	6.67	48.8	175.45	231.65	41	5.65
D9	6.67	53.6	195.36	202.02	37	5.46

不同钻进压力时钻进位移和钻进时间的监测值见图 5-2。s 和 t 的散点值会聚集成直线，直线斜率为钻进速度（v，mm/s）。在相同钻进压力时，钻进速度基本为固定值，这与其他学者的研究结论一致。但是，随着钻进压力增加，直线斜率明显不同，这表明钻进速度会随着钻进压力增大而改变，并非为固定值。钻进位移约 250mm，当钻进压力为 9.3kN 时，用时为 354s；当钻进压力为 60.4kN 时，用时仅为 122s。这个钻进压力变化前后，钻进速度由 0.71mm/s 增加至 2.13mm/s，增加了将近 200%。由此可见，钻进压力对钻进速度的影响是显著的。

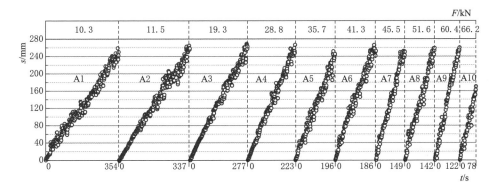

图 5-2　不同钻进压力下钻进位移和钻进时间的监测值

将图 5-2 中的 10 种钻进压力和其对应钻进速度整理成图 5-3 的散点图。通过曲线拟合得到了钻进压力和钻进速度的关系，两者呈现良好的指数函数关系，相关指数（R^2）达到了 0.90，关系式如下：

$$v = 0.25F^{0.5}(R^2 = 0.90) \tag{5-1}$$

钻进扭矩（M）并非是钻机的直接输出参数，而是钻进过程中岩体对钻机的反作用效果。钻机在运行中实际钻进压力和钻进扭矩都是持续波动的，从图 5-4 可以看出，M 和 F 呈现出典型的正相关，二者关系可表达为

$$M = 2.623F + 47.040(R^2 = 0.83) \tag{5-2}$$

尤其在 $F < 70$ kN 时，M 和 F 的相关性会更好，实际钻进过程中，钻进压力普遍小于 70kN，这种现象对解释钻进压力和钻进扭矩关系是有利的。一般地质钻机采用钻进压力表达钻进扭矩是可靠的，可以将两种因素合并为一个独立因素考虑。同时，钻进过程中监测钻进压力是非常容易实现的，而采用扭矩传感器监测钻进扭矩异常困难。所以，采用钻进压力表达钻进扭矩，将降低数字钻机技术硬件应用的难度，并有利于这种新技术在工程中的广泛应用。

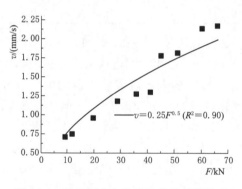
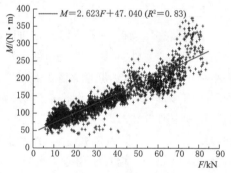

图 5-3 钻进压力和钻进速度的函数关系　　图 5-4 钻进扭矩与钻进压力的相关性

在钻进压力接近 20 kN 时，不同钻头旋转转速下钻进位移（s）和钻进时间（t）的监测值见图 5-5。钻头旋转转速由 0.67r/s 增加至 6.67r/s，钻进速度由 0.96mm/s 增加至 3.28mm/s，增加了 3.42 倍。钻头旋转转速 n 和钻进速度 v 之间同样存在很好的指数函数关系（图 5-6），表达式为

$$v = 1.31n^{0.5}(R^2 = 0.93) \tag{5-3}$$

将正交试验的所有结果进行统计分析，得到了图 5-7 所示的钻进速度变化规律。需要指出的是，在数据统计分析中，考虑到式（5-2）的转换关系，将钻进扭矩的作用融入钻进压力中加以考虑。从图 5-7 中可以看出，各个线条形成辐射状的曲线簇，钻进速度与钻进压力和钻头旋转转速均呈现较好的指数函数关系，相关系数（R^2）均在 0.74 以上，最高达 0.97。

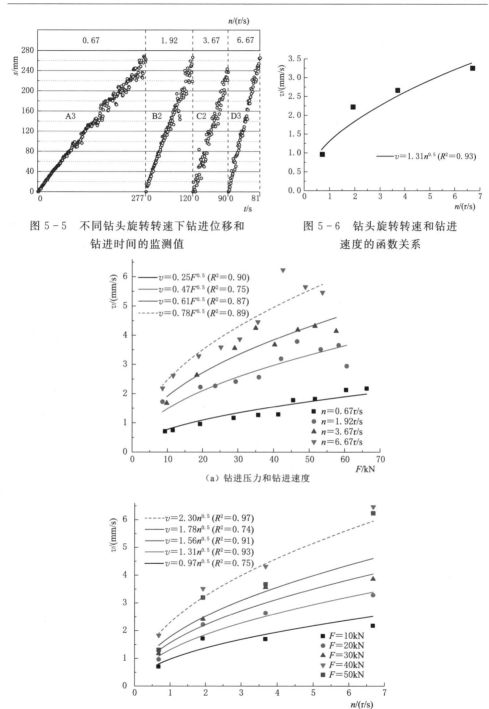

图 5-5 不同钻头旋转转速下钻进位移和
钻进时间的监测值

图 5-6 钻头旋转转速和钻进
速度的函数关系

（a）钻进压力和钻进速度

（b）钻头旋转转速和钻进速度

图 5-7 钻进速度的变化规律

5.3　钻进过程指数

5.3.1　均质材料钻进过程指数

图 5-8（a）中，在钻进压力和钻头旋转转速发生变化时，钻进速度的离散性非常大，最小钻进速度（v_{min}）为 0.71mm/s，而最大钻进速度（v_{max}）达到了 6.23mm/s。试验数据表明，即使在均质材料中机械参数对钻进速度的影响也是显著的，因此仅采用钻进速度作为评价岩体参数的唯一标准是不合理的。为此，在钻进速度指标的基础上，滤除 F、n 和 M 对 v 的影响，提出了钻进速度的归一化参数：钻进过程指数（Drilling Process Index，DPI）。这个新指标在均质材料中应具有唯一性，基于图 5-8 的曲线规律，采用多元函数回归，将 DPI 定义为

$$DPI = \alpha \cdot v \cdot F^{-0.5} \cdot n^{-0.5} \tag{5-4}$$

式中：α 为常量，是一个与岩石强度有关的参数，根据表 5-1 和图 5-7 的试验数据，本试验中 $\alpha = 3.19$。

钻进过程指数变化规律见图 5-8（b），无论钻进压力和钻头旋转转速怎么变化，DPI 均处于 0.78～1.35 之间，在均质材料中它是非常稳定的数值，平均值（DPI_{avg}）为 1.00。因此，利用钻进过程指数表达岩体完整性明显比传统的钻进速度更为合理。

5.3.2　裂隙岩体钻进过程指数

为了获取裂隙岩体 DPI 的分布特征，在德厚水库开展了工程岩体的数字钻进试验，同时钻孔取芯观测以进行对比验证。探测区域主要分布石灰岩，岩溶特别发育，岩体存在破碎层和空洞［图 5-9（a）］，获取的岩芯按照深度排列［图 5-9（b）］。

在裂隙岩体中数字钻进位移-时间曲线是波动的［图 5-10（a）］，对应钻进压力和钻头旋转转速见图 5-10（b）和图 5-10（c），进一步数据处理得到裂隙岩体的 DPI［图 5-10（d）］。均质岩体中的 DPI 的理想值为 1，而在裂隙岩体中的 DPI 是一个变量，主要特征可归纳为如下。

（1）当岩体完整时，DPI 的变化范围为 0～2，平均 DPI 接近 1，例如钻进深度为 53.8～54.2m、54.4～54.8m、55.1～55.6m 以及 55.7～56.0m 区域，即图 5-10（e）中红色填充区域。

（2）当岩体为块状或小裂隙时，DPI 会增大，处于 2～3 之间，分布在钻进

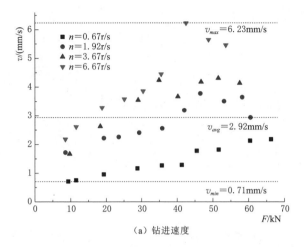

（a）钻进速度

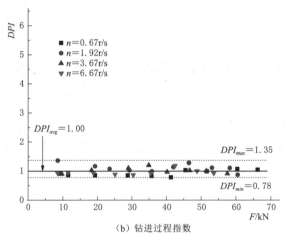

（b）钻进过程指数

图 5-8 钻进速度和 DPI 的离散性

深度 54.2m、55.1m 和 55.6m 处，即图 5-10（e）中蓝色填充区域。

（3）岩体非常破碎或出现空洞时，在钻进深度 54.2～54.4m 和 54.8～55.0m 处，DPI 会超过 3，即图 5-10（e）中区域绿色填充区域。DPI 峰值甚至可以达到 6 以上，此时 DPI 的具体数值意义不大，可以认为岩体不完整。

（4）在深度 54.9 m 处，DPI 值突变为 0，主因是钻进速度瞬间降低至零，出现了卡钻现象。

按照表 5-2 中 DPI 和岩体完整性的关系，绘制了图 5-10（e）的岩体完整性的色彩柱状图，和传统的岩芯柱状图［图 5-10（f）］相比，它能定量表述钻孔内岩体的完整性，因而具有重要应用价值。

（a）岩溶区

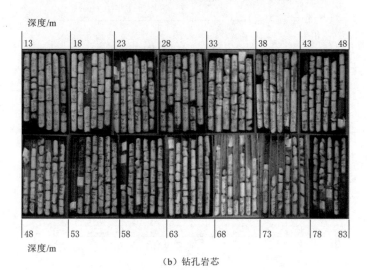

（b）钻孔岩芯

图 5 - 9　现场试验场地质资料

表 5 - 2　　　　　　　　　　**DPI 和岩体完整性的关系**

岩体完整性	完整	块状小裂隙	破碎或空洞
DPI	0<*DPI*≤2	2<*DPI*≤3	3<*DPI*

5.3.3　钻进过程指数的本质

以往研究常采用钻进速度描述岩体参数，本试验结果证实钻进速度会受到钻进压力 F 和钻头旋转转速 n 的影响。因此，必须根据不同钻进条件下的变化规律，再消除各种因素的影响，才能解译真实的数字钻进指标和岩体参数之间的映射关系。

由图 5-7 可以看出，均质材料中"钻进速度 v 和钻进压力 F"以及"钻进速度 v 和钻头旋转转速 n"均呈现良好的指数关系（v 与 $F^{0.5}$ 和 $n^{0.5}$）。因此，

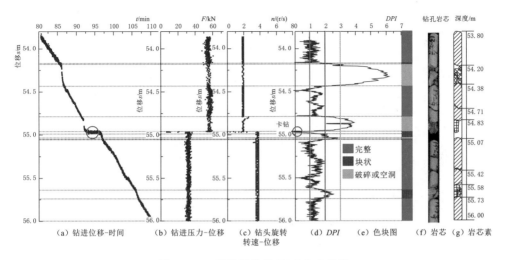

图 5-10 裂隙岩体的 DPI 和完整性

可将钻进速度 v 与钻进压力 F 和钻头旋转转速 n 的负指数（$F^{-0.5}$ 和 $n^{-0.5}$）相乘，来消除 F 和 n 对 v 的影响。也就是说钻进过程中的真实常量并非钻进速度，而是 $v \cdot F^{0.5} \cdot n^{0.5}$。为使数字钻进数据（$v \cdot F^{0.5} \cdot n^{0.5}$）能表达裂隙岩体的完整性，定义了钻进过程指数（$DPI$）。在完整岩石中，平均钻进过程指数（$DPI_{avg}$）固定为 1，即：

$$DPI_{avg} = \frac{\sum\limits_{i}^{n} v \cdot F^{-0.5} \cdot n^{-0.5}}{\alpha v_{avg} \cdot F_{avg}^{-0.5} \cdot n_{avg}^{-0.5}} = 1 \tag{5-5}$$

式中：v_{avg}、F_{avg} 和 n_{avg} 分别为完整岩石的钻进速度、钻进压力和钻头旋转转速的平均值；α 为参数。

对于一段完整岩体，根据式（5-5）可以得出式（5-4）中拟合参数 α 为

$$\alpha = \frac{1}{v_{avg} \cdot F_{avg}^{-0.5} \cdot n_{avg}^{-0.5}} \tag{5-6}$$

若 F 和 n 不发生变化，在软质岩钻进中，v_{avg} 相对较大，对应 α 值相对较小，而在硬质岩中 α 值相对较大，所以 α 是一个与岩体强度参数有关的参数。另外，需要指出的是，在完整岩石中，α 可直接按式（5-6）计算取值，在裂隙岩体中，α 应在完整岩体段取值。例如，在图 5-10（d）中，α 可采用 53.8～54. m、54.4～54.8m、55.1～55.6m 或 55.7～56.0m 段对应的 $v_{avg} \cdot F_{avg}^{-0.5} \cdot n_{avg}^{-0.5}$ 的倒数。

对于裂隙岩体，完整段岩体 DPI 均值仍接近 1；破碎段岩体材料均一性发生变化，本质是在 α、F 和 n 不变时 v 会增大，也即常量 $v \cdot F^{0.5} \cdot n^{0.5}$ 的增加，表现为 DPI 升高。

岩土工程中常用 RQD 表达岩体的完整性，并广泛应用到岩体质量评价和岩体分类中。根据 RQD 的实际意义和 DPI 的特点，RQD 和 DPI 的关系可定义为

$$\left.\begin{array}{c} RQD = \dfrac{\sum L_i(0 < DPI \leqslant 2)}{L} \times 100\% \\[2mm] L_i(0 < DPI \leqslant 2) \geqslant 10\mathrm{cm} \end{array}\right\} \qquad (5-7)$$

式中：$L_i(0 < DPI \leqslant 2)$ 为 DPI 处于 0～2 之间时对应的岩芯长度。

对于图 5-10 的裂隙岩体，根据式（5-7）得到的 $RQD = 74$，采用图 5-10（f）的岩芯传统量测方法得到 $RQD = 72$，二者非常吻合。数字钻进过程指数为获取 RQD 提供了一种简易的、定量的新方法。通过自动化和信息化的数据运算得到 DPI 以获取岩体完整性，减少了人工统计 RQD 和编纂岩芯柱状素描图等繁杂的工序，还降低了人为主观因素在评价岩体完整性中的不利影响。

5.4　钻进过程岩石切深斜率指数

部分国内外学者认为钻进单位体积的岩石所需要的能量完全取决于岩石性质，试图通过建立钻进能量与岩体力学参数的相关关系来识别地层岩体力学参数的分布。如岳中琦（2014）基于时间序列监测技术提出了一种旋转冲击钻自动监测系统，并开展了大量现场钻进试验，发现在同一钻机和钻头下钻进一块均匀完整的岩块时的钻进速度为常数。Teale（1965）提出的钻进比能被公认为是评估钻进效率和地层岩体参数最实用的指标，主要原因是钻机比能是通过钻进过程中的功能关系确定的，且其量纲和岩石单轴抗压强度一样。然而在原位钻孔试验中，当在恒定岩性的钻孔中施加不同的钻进参数时，钻进速度变化规律受钻进压力和钻头旋转变化的影响，钻进速度并不保持恒定［图 5-11（a）］，同时钻进比能也未保持恒定，而是在高加载压力和高旋转转速下得到高钻进比能［图 5-11（b）］。主要原因是 Teale（1965）提出的钻进比能实质为钻机输入机械能，若直接建立钻进比能与岩体参数之间的映射关系，则忽略了钻进过程中功能转换规律。Poletto et al.（2005）研究发现，钻进过程中只有部分机械输入能用于破碎岩石，而恰恰是这部分能量和岩性有着密切关系，但用于破岩的能量占机械输入能的比例与施加的钻具参数密切相关。在实际钻进过程中，除非能保持钻具参数持续不变，否则钻进速度和钻进比能并不能成为评估地层岩体参数的有效指标。因此提出仅与岩体参数相关且不受钻具参数影响的地层岩体力学参数识别方法对地层可钻性评估显得尤其重要（Feng et al.，2020）。

在岩石破碎过程中，钻头根据运动状态分为正常旋转切割状态和卡钻状态。当钻头加载压力较小时，钻头输入的能量大于岩石破碎能和摩擦能，岩石可被

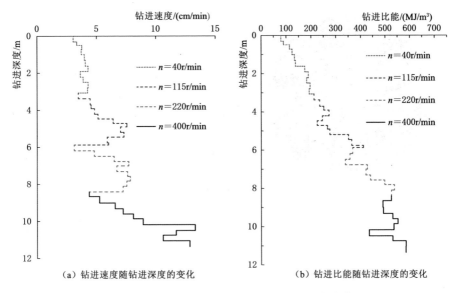

（a）钻进速度随钻进深度的变化 （b）钻进比能随钻进深度的变化

图 5-11 钻进过程中钻进指标随钻进深度变化

正常切割破碎。随着加载压力增加至临界值时（F_t），待破碎岩石的体积较大，钻头输入的能量低于岩石破碎能和摩擦能，钻头处于卡钻状态。由 Chiaia et al.（2013）研究可知，钻进过程中钻头贯入深度和岩石贯入压缩破碎区的半径与钻头形状、加载压力、岩石类型有关，其中钻头贯入岩石的深度可表示为

$$w = Kd^\alpha \tag{5-8}$$

式中：d 为钻头贯入岩石的深度，m；K 为钻头形态参数，其大小取决于钻头类型和角度等参数；α 为岩石材料参数，主要受岩石抗压强度的影响，有研究表明，在第一次岩石切割破碎过程中，式（5-8）呈线性关系，因此 α 取值为 1。

在岩石破碎过程中，假设切割单位体积的同一种岩石所需要的破岩能量是固定的，即岩石固有切割比能，其中横向岩石切割力 F_r 可表示为

$$F_r = \varepsilon dw + \mu F_n \tag{5-9}$$

式中：ε 为切割单位体积的岩石需要的能量，J/m³；w 为单个钻头的宽度，m；μ 为切割过程中的摩擦系数；F_n 为垂直向压力，kN。

由图 5-12 可知，在地质钻机底部布满了大量呈的圆形矩阵分布（半径为 R）的 PDC 钻头，其中存在 d 行，每行有 e 个 PDC 钻头（图 5-12，$d=3$，$e=5$），水平扭矩 T_r 可表示为

$$T_r = F_n \left(\frac{\varepsilon w}{K} + \mu \right) r \tag{5-10}$$

式中：r 为单齿半径。

由式（5-10）可知，扭矩与加载压力之间的确存在如实验结果所示的线性

59

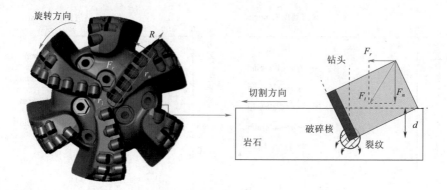

图 5 - 12　岩石破碎过程中机-岩相互作用

关系。假设 PDC 钻机每旋转一圈，钻进深度为 δ（m），且每个钻头钻进深度相等。根据极限平衡关系，岩石旋切扭矩 T 可表示为

$$T = d \sum_{i=0}^{e} \left[\int_{0}^{2\pi} \left(\varepsilon \frac{\delta}{d} w + \mu F_n \right) r_i \, \mathrm{d}\theta \right] \tag{5-11}$$

式中：r_i 为第 i 个钻齿半径；θ 为旋切角度。

式（5-11）可表示为

$$T = 2\pi (\varepsilon \delta w + \mu d F_n) \sum_{i=0}^{e} r_i \tag{5-12}$$

因此该切深斜率可表示为

$$FPI = \frac{b\varepsilon}{k - b\mu} \tag{5-13}$$

其中

$$FPI = \frac{F_n}{\delta} \tag{5-14}$$

$$b = 2\pi \sum_{i=0}^{e} r_i \tag{5-15}$$

$$k = \sum_{i=0}^{e} k_i \tag{5-16}$$

式中：k 为单齿旋切扭矩和垂向压力系数；b 为长度系数。

由式（5-14）可知钻进过程中加载压力与单钻钻进深度的线性斜率大小主要受岩石固有切割比能 ε 和岩石摩擦系数 μ 的影响，不受钻进过程中钻具参数（加载压力和旋转转速）变化的影响。根据大藤峡原位钻孔试验的结果，发现当钻孔岩性保持恒定时，加载压力与钻头每旋转一圈的钻进深度的确呈正线性关系，且在不同旋转转速下的加载压力与单钻钻进深度的线性梯度保持恒定，且相关系数大于 0.61，见图 5-13。理论分析和原位试验都证明钻进过程中加载

压力与钻头每旋转一圈的钻进深度呈正线性关系，将加载压力与单钻钻进深度的线性斜率命为切深斜率指数。因此在实际工程中，通过数字钻进技术记录钻进过程数据，数据分析后绘制出钻进过程中切深斜率指数沿钻孔深度的变化，即可确定地层岩体力学参数的分布。

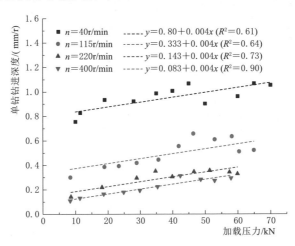

图 5-13 钻进过程中加载压力与单钻钻进深度的关系

5.5 小结

本章通过开展均质材料和裂隙岩体中的数字钻进试验，重点探讨了钻进压力、钻头旋转转速和钻进扭矩等机械参数对钻进速度的影响，并提出了用于定量评价岩体完整性的新指标 DPI 和岩体力学参数的切深斜率指数。

结果表明：钻进压力和钻进扭矩具有良好的线性相关性，两个因素可简化为单因素：钻进压力。数字钻进过程中钻进速度是变量，与钻进压力和钻头旋转转速呈现较好的指数函数关系。DPI 和 RQD 具有很好的相关性，通过这种数字技术获取 DPI 评价岩体完整性，减少了烦琐的人工地质编纂工作和人为主观因素。切深斜率指标不受钻进条件影响且仅与岩体固有属性（岩石固有切割比能和岩石摩擦系数）相关，能定量有效地识别沿钻孔分布的岩体力学参数，并通过已有的原位钻进数据验证了该切深斜率指标在实际工程中的有效性。

第6章
研磨破岩数字钻进与岩石参数感知

在硬岩隧洞工程全断面掘进机（Tunnel Boring Machine，TBM）法施工过程中，刀盘刀具会因受到岩石反作用而损伤，岩石磨蚀性是决定刀盘刀具寿命和掘进效率的一个重要因素。工程经验表明在掌握岩石磨蚀性的情况下，合理设置刀盘刀具刚度和优化刀间距，将能够大幅度增加其寿命；而且，TBM施工预测模型一般将岩石磨蚀性作为重要参数。因此，预先评价岩石磨蚀性，对于TBM隧道合理选用刀盘刀具参数、提高施工效率、降低成本具有重要意义（王玉杰，2020）。

广泛应用的岩石磨蚀性评估方法是Cerchar磨蚀试验，这种方法是利用重物加载到钢针上，针尖作用于平整的岩石表面滑动，以磨损后的针尖宽度来评价岩石磨蚀性，并命名为岩石磨蚀性指数（Cerchar Abrasiveness Index，CAI）。Cerchar磨蚀试验解决了岩石磨蚀性难以测定的问题，在工程中起到了积极作用，但实际应用中也反映了一些问题。Cerchar磨蚀试验需要在显微镜下精细测量钢针磨损后针尖的直径，测量不便捷，而且钢针使用一次后就废弃。

数字钻进技术的发展为岩石磨蚀性测试提供了新思路，利用数字钻进技术建立岩石钻进参数与磨蚀性指标的定量关系，就可以利用数字钻进为TBM刀具磨损评估提供另外一种简易途径。为此，利用室内数字钻进，同步采集钻进压力、钻杆旋转转速、钻进扭矩和钻进位移等岩石钻进过程参数。基于这些钻进参数和对岩石钻进过程中的力学特征和能量转化的分析，提出了用于评价岩石磨蚀性的单位体积钻进耗能，并通过对比数字钻进试验和Cerchar磨蚀试验的测试结果，来验证这一方法的可行性和有效性。

6.1 室内数字钻进研磨仪

为了采用新手段实现通过岩石钻进测量磨蚀性，研制了室内数字钻进研磨仪（图6-1），系统由钻进装置［图6-1（a）］、压力加载装置［图6-1（b）］

和数据采集装置［图 6-1（d）］组成，能够实现恒定旋转转速和恒定压力条件下的岩石数字钻进。

试验时，通过对钻进装置施加固定的钻进压力（F）和钻杆旋转转速（n），钻头在破岩过程中，产生钻进扭矩（M），并实现钻进岩石和产生钻进位移（s）。通过对 s 按钻进时间（t）求导获得钻进速度（v）。该设备可以提供的最大钻进压力是 800N，最大钻杆旋转转速是 15r/s，最大钻进扭矩是 10N·m。在岩石钻进试验的过程中，F、n、M 和 s 会被实时采集，数据采样时间间隔为 1s。钻进装置采用了金刚石实心钻头［图 6-1（c）］，其直径为 15mm，钻头长 25mm。试样只要直径大于 35mm 且能够被固定牢固，就能用于试验。

（a）钻进装置

（b）压力加载装置

（c）金刚石实心钻头

（d）数据采集装置

图 6-1　室内数字钻进研磨仪组成图

钻进装置主要由伺服电机、钻台和钻杆等部分组成，是实现岩石试样钻进试验的主要机构，钻杆在伺服电机带动下做匀速圆周运动，在顶部气压杆的推动下做轴向运动，实现钻进功能。试验钻台可装载尺寸小于 80mm×80mm×150mm（长×宽×高）以下的任意尺寸试件，通过调整气压杆的高度可以实现不同高度岩石试样的钻进试验。

压力加载装置主要由气压泵和气压缸组成。通过气压阀门可为钻机提供不同大小的推进压强，可实现恒压强的加载模式。

数据采集装置由逻辑控制器、功率放大器和高精传感器等主要部分组成。高精传感器包括转速传感器、压力传感器、位移传感器、扭矩传感器和电流传感器，各部分协同控制数字钻进完成各项功能，同时实现试验数据的高精度监测与快速采集。室内数字钻进研磨仪监测采集控制原理见图 6-2。

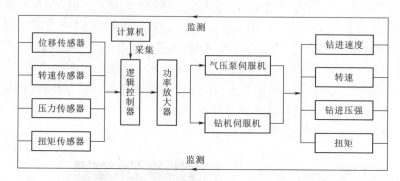

图 6-2　室内数字钻进研磨仪监测采集控制原理图

6.2　研磨破岩数字钻进数据统计

6.2.1　研磨试验岩石和砂浆材料

为使试验更具一般性，研究中分别选用了更均质化的砂浆和岩石，试样是直径为 50mm、高度为 100mm 的圆柱体，见图 6-3。

岩石试样包括 8 个灰岩（编号为 A1~A8）和 6 个花岗岩（编号为 B1~B6）；砂浆试样的强度等级分别为 M10、M15 和 M20，每种强度等级为 3 个试样，编号分别为 C1~C3、D1~D3 和 E1~E3。与此同时，为了能够建立材料磨蚀性和岩石钻进参数的定量关系，对于数字钻进试验后的试岩平行开展 Cerchar 磨蚀试验，获取试样的岩石磨蚀性指数（CAI）。

此外，为验证研究结果的合理性，还额外增加 4 个灰岩（编号为 F1~F4）和 2 个花岗岩（编号为 G1~G2）试样，且试样均开展数字钻进试验和 Cerchar 磨蚀试验。

6.2.2　试验数据统计

数字钻进试验中钻进压力（F）和钻杆旋转转速（n）为预设置参数，钻进扭矩（M）和钻进位移（s）为钻进过程中的钻具响应参数（图 6-4）。数据监测装置同时采集这四种类型的数字钻进参数，以 A1 灰岩试样为例，不同时刻的数字钻进参数见图 6-5。

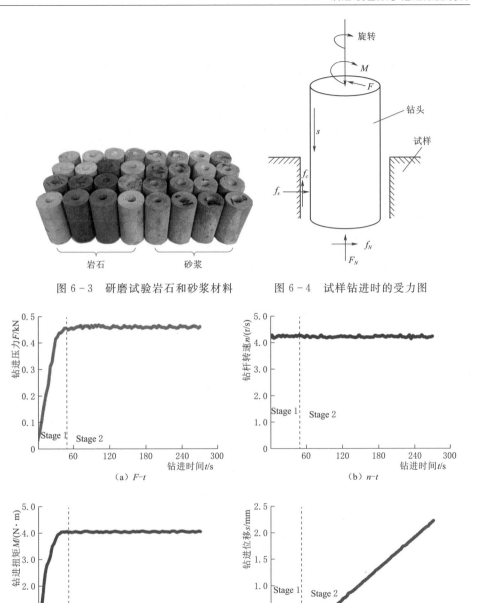

图6-3 研磨试验岩石和砂浆材料 图6-4 试样钻进时的受力图

（a）F-t

（b）n-t

（c）M-t

（d）s-t

图6-5 典型的数字钻进参数变化曲线

从图6-5（a）可以看出，钻头接触试样后的第一个阶段，F 在很短的时间内急剧上升；当钻头进入试样一定深度时，随着时间的增加，F 基本稳定在预设值（0.476kN）附近，同时 n 基本维持在 4.2r/s［图6-5（b）］。因此，钻进设备的输入参数 F 和 n 能保持良好的稳定状态，满足试验要求。

钻进过程中的扭矩 M 随时间的变化曲线见图6-5（c），M 与 F 的变化规律非常相似，有明显急剧上升阶段和长时间的稳定阶段。这说明钻进扭矩与钻进压力正相关，当压力增加时，钻进扭矩也会相应增加。图6-5（d）为钻进位移 s 随时间的变化曲线，曲线斜率就是钻进速度（v）。在钻头刚接触试样时，钻进速度很小，入孔具有一定深度后，v 基本都维持在 0.625mm/min。所以，对于同一种岩石，在同一钻进压力和钻杆旋转转速条件下，钻进扭矩和钻进速度是近似恒定值。

应用室内数字钻进研磨仪，对 23 组岩石和砂浆试样进行了数字钻进测试。各组试样的试验参数 F、n、M、v 统计结果见表6-1。

表6-1　　　　　　　　试样数字钻进参数（F、n、M、v）

材料	编号	F/kN	n/(r/s)	M/(N·m)	v/(mm/min)
灰岩	A1	0.476	4.2	4.080	0.625
	A2	0.252	4.2	3.285	0.532
	A3	0.374	7.1	3.253	0.758
	A4	0.580	7.1	4.338	0.996
	A5	0.482	7.1	3.863	0.862
	A6	0.578	12.0	4.853	1.578
	A7	0.380	12.0	3.780	1.652
	A8	0.782	12.0	3.648	1.376
花岗岩	B1	0.578	4.2	4.900	0.518
	B2	0.476	7.1	3.948	0.812
	B3	0.578	7.1	4.546	0.908
	B4	0.568	12.0	4.398	1.428
	B5	0.612	12.0	4.687	1.506
	B6	0.590	12.0	4.653	1.339
砂浆 M10	C1	0.274	4.2	0.948	1.590
	C2	0.342	7.1	0.820	1.968
	C3	0.374	7.1	0.655	1.878
砂浆 M15	D1	0.374	4.2	1.475	1.290
	D2	0.476	7.1	1.813	1.728
	D3	0.476	7.1	1.418	2.322

材料	编号	F/kN	$n/(r/s)$	$M/(N \cdot m)$	$v/(mm/min)$
砂浆 M20	E1	0.276	4.2	2.196	1.046
	E2	0.272	7.1	1.810	1.348
	E3	0.374	7.1	1.508	1.258

6.3 岩石磨蚀性和单位体积钻进耗能

6.3.1 单位体积钻进耗能的定义

岩石钻进过程的力学实质是通过金刚石钻头侵入岩石以实现破岩。该过程不仅包括金刚石钻头在钻机动力系统提供的钻进压力和扭矩力作用下对岩石的压入与切削破坏，还包括钻头表面与岩石接触面之间的摩擦力引起的磨损。实心金刚石［图 6-1（c）］在钻进过程中的受力分析见图 6-4，钻头受力主要包括：①钻杆对钻头施加的钻进压力 F 和钻进扭矩 M；②岩样对钻头底面的法向压力 F_N 和切向摩擦力 f_N；③岩样对钻头侧面法向摩擦力 f_s 和切向摩擦力 f_c。

根据金刚石实心钻头受力分析可知，在单位时间内，钻头钻进岩石所做的功包括钻进压力做功 W_F 和扭矩做功 W_M。通常情况下可以忽略钻头破岩过程产生的声能、热能和振动能等能量。根据能量守恒原理，岩石钻进过程中消耗的能量 E_C 应满足下式：

$$E_C = W_F + W_M - E_B - E_\mu \tag{6-1}$$

式中：E_B 为钻头底面摩擦消耗的能量；E_μ 为钻头侧面摩擦消耗的能量。

钻进压力所做功 W_F 为：

$$W_F = Fvt \tag{6-2}$$

钻进扭矩所做功 W_M 为：

$$W_M = 2\pi nMt \tag{6-3}$$

式中：n 为旋转转速。

研究中钻进的深度较小，可以忽略 f_c，认为 $F_N = F$。那么，钻头底面摩擦所消耗的能量 E_B 为：

$$E_B = 2\pi n\mu Ft \int_0^r R dR = \pi n\mu Fr^2 t \tag{6-4}$$

式中：μ 为钻头底面与岩石的摩擦系数；r 为钻头半径。

与此同时，忽略 f_c 后，钻头侧面摩擦所消耗的能量 E_μ 为：

$$E_\mu = 2\pi rn\mu K_c Ft \tag{6-5}$$

式中：K_c 为钻进侧压系数，与被钻进的岩石性质和钻头材料有关，由于钻头材料的硬度通常远大于岩石材料的硬度，因此钻头可视为刚性材料，侧压系数仅由岩石性质决定，则 $K_c = \dfrac{\nu}{1-\nu}$，ν 为岩石的泊松比。

因此，将式（6－2）～式（6－5）代入式（6－1），可以得到岩石钻进过程中消耗的能量 E_C 为：

$$E_C = 2\pi nMt + Fvt - \pi n\mu Fr^2 t - \frac{2\pi rn\mu Ftv}{1-\nu} \qquad (6-6)$$

定义钻孔内单位体积的岩石钻进过程中消耗的能量为单位体积钻进耗能（η_e），那么 η_e 为：

$$\eta_e = \frac{E_C}{\pi r^2 vt} \qquad (6-7)$$

将式（6－6）代入式（6－7），可以得到 η_e 为：

$$\eta_e = \frac{2nM}{r^2 v} + \frac{F}{\pi r^2} - \frac{n\mu F}{v} - \frac{2n\mu F\nu}{rv(1-\nu)} \qquad (6-8)$$

6.3.2 单位体积钻进耗能和岩石磨蚀性关系

数字钻进试验结果获取了试样的钻进参数（F，n，M，v），根据式（6－2）～式（6－5），计算得到 W_F、W_M、E_B、E_μ，再根据式（6－6）和式（6－7）分别得到 E_C 和 η_e；同时，通过 Cerchar 磨蚀试验，获取试样的 CAI，用以表达试样的磨蚀性，具体见表 6－2。

η_e 和 CAI 呈现出非常好的相关性（图 6－6），试样磨蚀性越高，钻进过程中需要提供的 η_e 明显也较大。采用数据拟合可以得到 η_e 和 CAI 关系为：

$$CAI_{\eta_e} = 0.807 e^{0.0137\eta_e} \qquad (6-9)$$

式中：CAI_{η_e} 为根据单位体积钻进耗能计算得到的 CAI。

通过表 6－2 可以看出，试样在钻进过程中，钻进压力做功 W_F 和钻头侧面摩擦所消耗的能量 E_μ 是非常小的，仅为扭矩做功 W_M 的 3.0％以内。主要原因是本试验中钻头竖向位移很小，而钻杆旋转转速较高，钻头主要通过向底部旋切和研磨破岩。因此，可以忽略 W_F 和 E_μ，式（6－7）中的 η_e 可以调整为：

$$\eta_e = \frac{2nM}{r^2 v} - \frac{2n\mu F\nu}{rv(1-v)} \qquad (6-10)$$

表 6－2　　　　　　　　　岩石钻进过程中的能量组成和 CAI

材料	编号	W_M/kJ	W_F/kJ	E_B/kJ	E_μ/kJ	E_C/kJ	η_e/(kJ/cm³)	CAI
灰岩	A1	64.568	0.030	0.424	3.375	60.799	55.398	1.58
	A2	51.987	0.013	0.224	1.787	49.989	53.402	1.65
	A3	87.027	0.028	0.563	4.483	82.009	61.614	1.55

续表

材料	编号	W_M/kJ	W_F/kJ	E_B/kJ	E_μ/kJ	E_C/kJ	η_e/(kJ/cm^3)	CAI
灰岩	A4	116.054	0.058	0.873	6.952	108.286	61.972	1.98
	A5	103.346	0.042	0.725	5.778	96.885	64.039	1.83
	A6	219.433	0.091	1.470	11.710	206.345	74.480	1.65
	A7	170.916	0.063	0.966	7.698	162.314	55.907	1.56
	A8	164.948	0.108	1.989	15.843	147.224	61.274	1.45
花岗岩	B1	77.545	0.030	0.515	4.098	72.962	80.224	2.63
	B2	105.620	0.039	0.716	5.706	99.237	69.619	2.42
	B3	121.618	0.052	0.870	6.928	113.873	71.462	2.96
	B4	198.860	0.081	1.445	11.507	185.989	74.227	2.45
	B5	211.927	0.092	1.557	12.399	198.064	74.957	2.63
	B6	210.390	0.079	1.501	11.953	197.016	83.845	3.24
砂浆 M10	C1	15.003	0.044	0.244	1.943	12.859	4.643	0.76
	C2	21.937	0.067	0.515	4.099	17.391	5.119	0.68
	C3	17.523	0.070	0.563	4.483	12.548	3.916	0.78
砂浆 M15	D1	23.343	0.048	0.333	2.652	20.406	9.069	0.90
	D2	28.692	0.082	0.424	3.375	24.975	8.284	0.88
	D3	37.935	0.111	0.716	5.706	31.624	7.844	1.21
砂浆 M20	E1	34.753	0.029	0.246	1.957	32.579	17.740	1.33
	E2	48.423	0.037	0.409	3.260	44.790	18.953	1.02
	E3	40.343	0.047	0.563	4.483	35.344	16.116	1.39

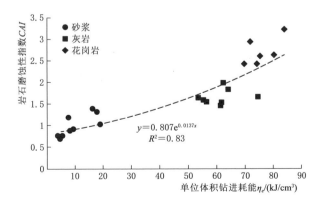

图 6-6　单位体积钻进耗能和 CAI 的关系

由于试样磨蚀性和钻进参数（F，n，M，v）的不同，钻进过程的能量（W_M，E_C 和 E_S）的分配比例也会发生变化。由图 6-7 可以看出，E_S 占 W_M 的百分比会随着 η_e 的增加而降低，尤其是 η_e 比较小时趋势更加明显。但是，η_e 超过 50kJ/cm³ 以后，E_S 占 W_M 的百分比会保持稳定在 5.5％附近，证明钻头钻进过程中因摩擦所消耗的能量比值是相对固定的。考虑到花岗岩和灰岩的 η_e 普遍大于 50kJ/cm³（表 6-2），可假定 E_S 占 W_M 的百分比均为 5.5％，那么，根据式（6-1）和式（6-10），对 η_e 进一步简化，可表示为：

$$\eta_e = \frac{1.89nM}{r^2 v} \tag{6-11}$$

因此，基于岩石数字钻进测试，由式（6-9）和式（6-11）可以非常容易地评估岩石的磨蚀性。

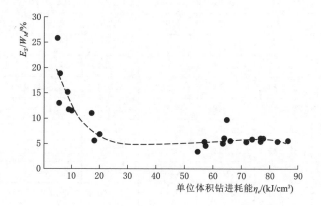

图 6-7　E_S / W_M 和单位体积钻进耗能的关系

6.3.3　关系验证

为了验证单位体积钻进耗能评价岩石磨蚀性的合理性，利用数字钻进试验和 Cerchar 磨蚀试验测试了另外的 4 个灰岩和 2 个花岗岩试样。将实测 CAI 和利用数字钻进参数计算的 CAI_{η_e} 进行对比，定义二者的差异率为 λ，λ 表示为：

$$\lambda = \left| \frac{CAI_{\eta_e} - CAI}{CAI} \right| \times 100\% \tag{6-12}$$

图 6-8 中，CAI_{η_e} 与 CAI 的差异较小，λ 的平均值为 14.58％，表明实测 CAI 和利用数字钻进参数计算的 CAI_{η_e} 的整体关联度较高，证明采用单位体积钻进耗能评价岩石磨蚀性是可行的。

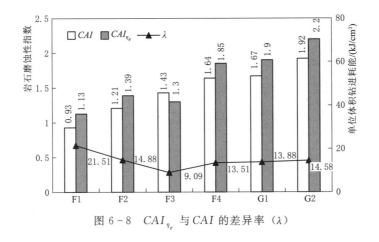

图 6-8 CAI_{η_e} 与 CAI 的差异率（λ）

6.4 小结

基于研磨破岩数字钻进试验可以快捷地评价岩石磨蚀性，试验用岩样的制备要求较低，岩样只要有一个平整面就能满足要求，岩样可以是工程勘探的岩芯试样，也可以是稍加修整的不规则试样。而且，数字钻进的设备比较简单和容易搬运，数字钻进试验可以在试验室进行，也可以在工程现场进行。试样制备不需专门机械加工，与 Cerchar 磨蚀试验相比，具有测试速度快、试验周期短、方法简便、成本低廉等特点。研究结果表明：

（1）根据岩石钻进过程中的钻头受力特征和能量守恒定律，提出了一种可用于评估岩石磨蚀性的新指标：单位体积钻进耗能（η_e）。

（2）实测数据表明岩石钻进耗能主要由钻进扭矩提供，钻进压力做功和钻头侧面摩擦消耗能量是非常小的，而且因摩擦所消耗的能量占比是相对固定的，据此可简化 η_e 的计算公式。

（3）利用数字钻进参数计算的 CAI_{η_e} 和 Cerchar 磨蚀试验实测值 CAI 的差异率 λ 平均值为 14.58%，证明了利用单位体积钻进耗能评估岩石磨蚀性具有可行性和有效性。

应用数字钻进技术测试岩石磨蚀性的关键在于建立钻进过程参数和岩石磨蚀性的定量关系，采用砂浆、灰岩和花岗岩建立的经验公式［式（6-9）和式（6-10）］是远远不够的，用于评价其他类型岩石的磨蚀性会不准确，还需要利用更多的数据库修正公式以满足普遍应用。

第 7 章
冲击破岩数字钻进和岩体参数感知

钻爆法普遍应用于硬岩隧道工程中，凿岩台车因凿岩效率高、安全性好、能减轻工人劳动强度等优点，成为钻爆法施工中必不可少的设备。形成凿岩台车岩体质量分析系统的关键之一是机-岩信息映射关系，即凿岩台车数字钻进信息与岩体质量参数之间的关系。

为了建立良好的机-岩信息映射关系，以凿岩台车推进压强、冲击压强和旋转转速为变量，开展了不同类型岩石和预设岩体结构面的凿岩台车数字钻进试验，并配合全电脑台车数据自动采集技术，全面获取了数百个钻孔的钻进响应数据库，为建立凿岩台车数字钻进信息和岩体质量参数的关系提供了坚实的数据基础。从岩石的数字钻进结果来看，无论是钻进速度还是单位长度钻进耗能都与钻进参数密切相关。因此，实际钻进中，若钻进参数发生改变，钻进速度和单位长度钻进耗能必将改变，两者均无法稳定唯一地表征岩石属性。

鉴于此，对钻进速度和单位长度钻进耗能进行钻进参数滤除，提出钻速系数（α）和耗能系数（β）的概念。在此基础上，通过多元函数回归分析，得到钻速系数和耗能系数与单轴抗压强度（UCS）、磨蚀性指数（CAI）、抗拉强度（σ_t）、弹性模量（E）和硬度指数（H）的函数关系，系统地建立起机-岩映射关系。通过预制结构面岩体的钻进数据，发现岩体完整性可通过不同岩石和结构面之间的钻速系数（α）和耗能系数（β）表征，说明本研究所建立的机-岩映射模型同样可以适用于岩体完整性的识别，可为实际钻进过程的实时预测提供理论支撑。

7.1　冲击钻机

图 7-1 为中铁工程装备集团有限公司生产的 DJ3E 智能型三臂凿岩台车，它具有 3 只钻臂，每只钻臂上均安装有钻机系统、推进系统、液压系统、传感

器系统和数字监测系统。钻机系统主要由钻头、钻杆和凿岩机组成；推进系统为钻进系统提供一个滑动轨道；液压系统提供破岩过程的动力来源，也是控制钻进参数的核心系统；传感器系统主要包括推进压强传感器、冲击压强传感器、旋转转速传感器和位移传感器等；数字监测系统主要从传感器中获取数据，将其传输到操控室的电脑里。

图 7-1　DJ3E 智能型三臂凿岩台车

图 7-2 中，凿岩机为复合装置，在进行钻进操作时，不仅有冲击作用，还伴随着推进和旋转作用。其中，冲击和推进通过油缸和活塞加以控制，通过液压油进油量的多少来控制冲击压强和推进压强的大小；旋转则是由电动马达加以控制，通过联轴器和齿轮进行传动。

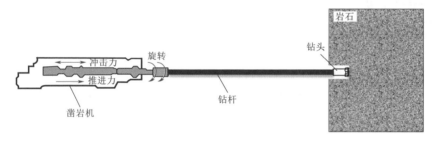

图 7-2　凿岩机冲击钻进过程

7.2　冲击钻机试验

7.2.1　岩石种类

为实现凿岩台车数字钻进试验，通过现场调查、岩石莫氏硬度测试和岩石点荷载测试，选定了 13 块不同类型的岩石（表 7-1）。部分岩石虽然名称相同，但由于埋深和采石点有区别，相应的强度和硬度也存在差别，因此，可以认为是不同质量的岩石。通过初步评测，选定岩石的莫氏硬度主要在 3～9之间，岩石单轴抗压强度主要在 40～160MPa 之间，取样范围广泛，具有代表性。

表 7 - 1　　　　　　　　　　　岩石名称、结构和构造

岩石编号	名　　称	岩石结构	岩石构造
A	粗-中粒黑云母花岗质片麻岩	片状粒状变晶结构	片麻状构造
B	细粒石英岩	粒状变晶结构	块状构造
C	显微-细粒方解石大理岩	粒状变晶结构	弱定向构造
D	细粒石英岩	粒状变晶结构	块状构造
E	细粒-显微粒状方解石大理岩	粒状变晶结构	弱定向构造
F	显微-细粒方解石大理岩	粒状变晶结构	弱定向构造
G	大理岩化鲕粒白云岩	粒状变晶结构、鲕粒结构	块状构造
H	中粒黑云母花岗质片麻岩	柱-片状粒状变晶结构	片麻状构造
I	片状显微-细粒方解石大理岩	片状粒状变晶结构	片状构造
J	大理岩化鲕粒白云岩	粒状变晶结构、鲕粒结构	块状构造
K	中-细粒方解石大理岩	粒状变晶结构	块状构造
L	大理岩化鲕粒白云岩	粒状变晶结构、鲕粒结构	块状构造
M	中-细粒黑云母花岗质片麻岩	片状粒状变晶结构	片麻状构造

　　按照《水利水电工程岩石试验规程》（SL 264—2020）对上述岩石开展岩石物理力学性能试验。通过岩石单轴抗压强度试验，测定岩石的单轴抗压强度（UCS）；通过岩石常规三轴压缩试验，测定岩石的弹性模量（E）和抗拉强度（σ_t）；通过岩石磨蚀性试验，测定的岩石的磨蚀性指数（CAI）；通过岩石 X 射线粉晶衍射和全矿物鉴定试验，测定岩石矿物组成并计算矿物加权硬度（H）。方法和步骤等严格按照规程执行。通过试验数据整理分析，获取的岩石物理力学参数列于表 7 - 2。

表 7 - 2　　　　　　　　　岩 石 物 理 力 学 参 数

岩石编号	单轴抗压强度 UCS/MPa	磨蚀性指数 CAI	弹性模量 E /GPa	抗拉强度 σ_t /MPa	矿物加权硬度 H
A	90.2	4.07	37.97	14.83	5.64
B	135.0	2.10	69.58	7.15	6.90
C	50.6	1.30	33.50	8.19	3.10
D	122.4	2.25	53.19	6.19	6.97
E	70.7	1.37	24.61	7.10	3.06
F	55.0	1.02	40.10	7.84	3.02
G	103.6	1.71	59.15	2.83	3.75
H	92.0	3.98	25.01	3.25	5.56
I	42.9	1.30	38.73	3.71	3.06
J	95.4	2.45	46.28	6.87	3.74

岩石编号	单轴抗压强度 UCS/MPa	磨蚀性指数 CAI	弹性模量 E /GPa	抗拉强度 σ_t /MPa	矿物加权硬度 H
K	87.2	1.24	32.87	9.93	3.01
L	96.0	1.69	51.25	8.00	3.77
M	141.2	2.34	42.00	8.40	5.89

7.2.2　试验设计

1. 完整岩石

为了便于开展钻进试验，原岩被切割成 1.0m×1.0m×2.0m（高×宽×长）的岩样，见图 7-3。

（a）远景　　　　　　　　　　　　　　　（b）近景

图 7-3　完整岩石现场图片

2. 预设结构面岩体

选定 6 种不同类型的岩石，切割成边长为 0.5m 的岩块，并放入制作好的岩箱内，岩块与岩块之间预先设置 50mm、100mm、150mm 和 200mm 的间隙。在岩块之间浇砂浆模拟软弱层，在养护超过 28 天龄期后开展试验，见图 7-4。P 岩箱（长 1650mm）在 3 个岩块试样之间预设结构面-1（50mm）和结构面-2（100mm）；N 岩箱（长 1850mm）在 3 个岩块试样之间预设结构面-3（150mm）和结构面-4（200mm）。

3. 试验方案

凿岩台车随钻测试数据包括：钻进时间、钻进距离、平均钻速、冲击压力、钻进压力、回转压力、缓冲压力、旋转转速、水流量和泵后水压等，其中与钻进过程影响最大的主动设置参数是冲击压力、钻进压力和旋转转速。

为此，凿岩台车数字钻进试验中，采用了多种冲击压力、钻进压力和旋转转速参数的组合，以对钻进数据规律有全面的认知。凿岩台车数字钻进试验介绍如下：

（a）岩箱内岩石摆放

（b）预设结构面测定

（c）岩箱内砂浆浇筑

（d）养护至28天龄期

图 7-4　预设结构面岩体

（1）推进压强单因素试验。将凿岩机的冲击压强与旋转转速分别设置为 17.5MPa 和 250r/min，推进压强为 6.0～8.5MPa，取值间隔为 0.5MPa。

（2）冲击压强单因素试验。将凿岩机的推进压强与旋转转速分别设置为 7.5MPa 和 250r/min，冲击压强为 16.0～18.5MPa，取值间隔为 0.5MPa。

（3）旋转转速单因素试验。将凿岩机的冲击压强与推进压强分别设置为 17.5MPa 和 7.5MPa，旋转转速为 190～290r/min，取值间隔为 10r/min。

（4）推进压强和冲击压强相关性试验。推进压强和冲击压强相关性试验第一组，将凿岩机的旋转转速设置为 250r/min，推进压强设置为 6.0MPa 和 8.5MPa，冲击压强为 16.0～18.5MPa，取值间隔为 0.5MPa。

推进压强和冲击压强相关性试验第二组，旋转转速和冲击压强相关性试验，将凿岩机的旋转转速设置为 250r/min，冲击压强设置为 16.0MPa 和 18.5MPa，推进压强为 6.0～8.5MPa。

（5）旋转转速和冲击压强相关性试验。将凿岩机的推进压强设置为 7.5MPa，旋转转速为 190～290r/min，取值间隔为 10r/min，冲击压强为

16.0～18.5MPa，取值间隔为0.5MPa。

7.3 冲击钻进过程

  冲击钻臂配置中的球齿钻头［图7-5（a）］，钻头的直径为45mm，在其表面有9颗钻齿和3个排水孔。钻齿是由硬质合金制成，在钻头的外边缘均匀布置有6个，钻头中心布置有3个。排水孔用来提供水流冲刷破碎的岩屑和降低钻头的温度避免烧钻。图7-5（b）中，岩样边长为1m×2m的长方形面作为钻进平面，钻臂垂直于钻进平面进行钻进操作［图7-5（c）］，由于岩样沿钻进方向的一边长为1m，为避免钻穿岩石，钻进深度控制在0.8m，钻进后的岩石见图7-5（d）。

（a）钻头   （b）钻进前岩石

（c）钻进过程   （d）钻进后岩石

图7-5　冲击钻进试验

7.3.1 原始结果

  通过凿岩台车数字钻进，获取了不同钻进参数（冲击压强、推进压强和旋转转速）、不同岩石和预设结构面岩体的数字钻进数据特征。钻孔数量达 498 个，庞大的数据库为建立凿岩台车数字钻进信息和岩体质量参数的关系，提供了坚实的数据基础。凿岩台车数字钻进数据库中的典型数据见图 7 - 6。

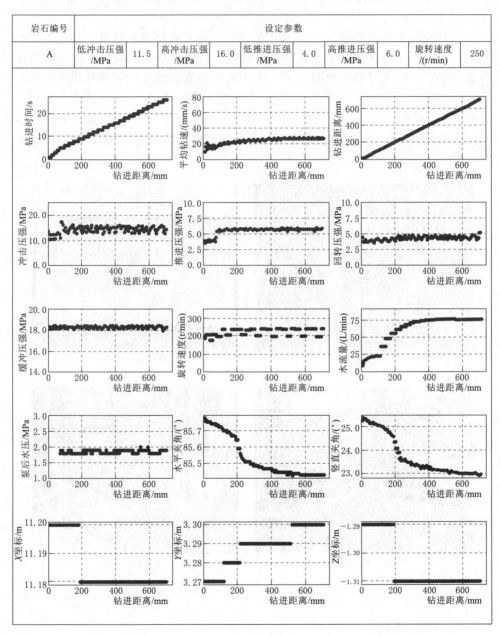

图 7 - 6　凿岩台车数字钻进数据库中的典型数据

7.3.2 凿岩台车数字钻进数据变化规律

1. 钻进速度

凿岩台车数字钻进试验的典型数据特征见图7-7。钻进前期为低推进压强、低冲击压强段，并未达到设定值，因而低压段得到的钻进速度不具有代表性。钻进5～6s后，推进压强和冲击压强达到高压段设定值，此时的钻进速度符合真实值。因而，选取钻进数据中后期稳定段的距离除以时间得到平均速度作为该工况的钻进速度：

$$v = \frac{s}{t} \tag{7-1}$$

式中：v 为钻进速度，mm/s；s 为钻进位移，mm；t 为钻进时间，s。

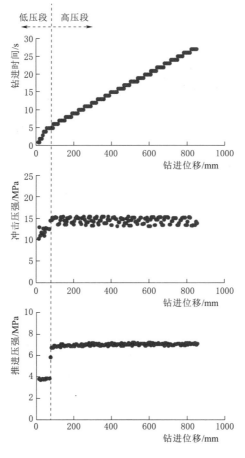

图7-7 凿岩台车数字钻进试验的典型数据特征

（1）推进压强与钻进速度。图 7-8 为钻进过程中不同岩石钻进速度与推进压强的关系图，由图可知，不同岩石质量条件下，钻进速度与推进压强均呈现线性关系，通过线性回归得到如下关系式：

$$v = a \times p_t + b \tag{7-2}$$

式中：v 为钻进速度，mm/s；p_t 为推进压强，MPa；a、b 为常系数，其中 a > 0，不同岩石，参数 a 和 b 取值存在差异。

由函数关系式（7-2）可知，数字钻进过程中，随着推进压强的增大，钻进速度随之增大，表明钻进效率也越来越高。但该现象并不意味着推进压强可以无限增大，一方面受凿岩台车机械设备的制约，推进压强的设定存在阈值；另一方面推进压强设置过大超越合理范围，必然造成钻杆弯曲过大无法正常钻进。因而，在合理范围内，尽量将推进压强设置得更大，将有利于钻进效率的提升。

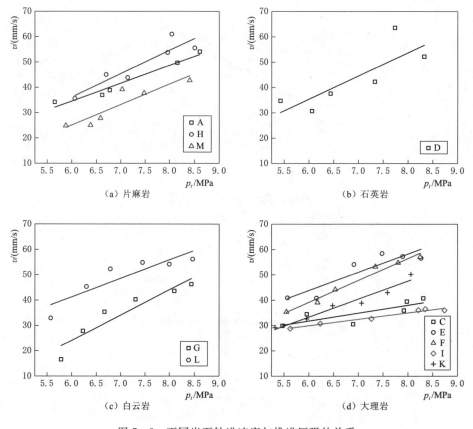

图 7-8　不同岩石钻进速度与推进压强的关系

（2）冲击压强与钻进速度。图 7-9 为数字钻进过程中不同岩石钻进速度与冲击压强的关系图，由图可知，不同质量岩石钻进速度和冲击压强的关系呈现先增大后减小的特点，符合二次抛物线的特征，通过拟合，可得到如下关系式：

$$v = a \times (p_e)^2 + b \times p_e + c \qquad (7-3)$$

式中：p_e 为冲击压强，MPa；a、b、c 为常系数，其中 $a < 0$，不同的岩石，参数 a、b 和 c 取值存在差异。

由式（7-3）可得，数字钻进过程中存在有最大钻进速率，最大钻进速率所对应的即为最高的钻进效率。不同的岩石质量条件下，钻进速度与冲击压强的函数关系整体趋势一致，呈现开口向下的抛物线特征。

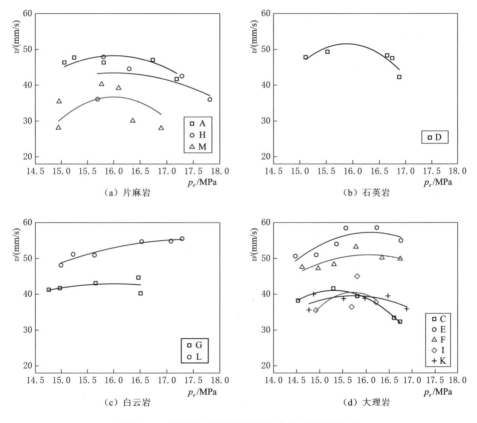

（a）片麻岩　　　　　　　　（b）石英岩

（c）白云岩　　　　　　　　（d）大理岩

图 7-9　不同岩石钻进速度与冲击压强的关系

（3）旋转转速与钻进速度。图 7-10 为数字钻进过程中不同岩石钻进速度与旋转转速的关系图，可以发现不论岩石质量如何，随着旋转转速的增大，钻进速度变化不明显，表明钻进速度与旋转转速之间没有明显关系，因而在分析钻进速度时可以忽略旋转转速的影响。

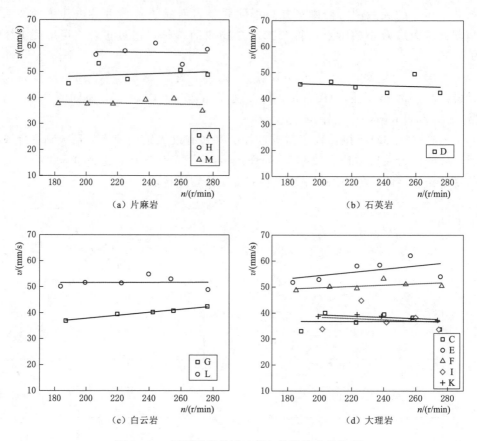

图 7 - 10　不同岩石钻进速度与旋转转速的关系

2. 钻进耗能

液压凿岩机是以液压油为工作介质，将液体的压力能转换成活塞冲击能，再通过钎杆将冲击能以应力波的形式传递给岩体，使岩体破碎。冲击力不同于静力荷载的作用，其显著的特点是作用力在瞬间发生急剧变化，而应变和速度都有一个传播过程，因此需要用波动理论来研究其能量的传递过程。

目前国内外凿岩机、冲击类机具等产品广泛应用应力波法计算冲击能量，也是目前国际标准《Rotary and percussive pneumatic tools—Performance tests》（ISO 2787—1984）和国家标准《凿岩机械与气动工具 性能试验方法》（GB/T 5621—2008）规定的冲击能量试验和计算方法。

冲击器冲击钎杆产生应力波，波在钎杆中传播时具有一定的能量，在钎杆中某一固定截面，受力为 P，速度 v，在 dt 时间内做功为 $Pvdt$，则其总能量为：

$$E_p = \int_0^\tau PVdt = \int_0^\tau (A_q\sigma)\left(C\,\frac{\sigma}{E}\right)dt = \frac{A_qC}{E}\int_0^\tau \sigma^2 dt \qquad (7-4)$$

式中：A_q 为钎杆断面面积，m^2；σ 为钎杆应力，Pa；C 为应力波速，m/s；τ 为脉冲持续时间，s。

实际测试中，一般按照指定采样速度（时间间隔为 Δt）给出应力波点的采样值，将式（7-4）按经典的辛普森公式（Simpson Complex Formula）转化为数值积分，则有：

$$E_p = \frac{2}{3}\frac{A_q C}{E} \cdot \Delta t \cdot A_\sigma^2 \left(2\sum_{k=1}^{n} Q_{2k-1}^2 + \sum_{k=1}^{k-1} Q_{2k}^2\right) = \frac{2}{3} \cdot \frac{A_q C}{E} \cdot \Delta t \cdot A_\sigma^2 \cdot S$$

(7-5)

式中：Q_k 为应力波各采样点的量化值；A_σ 为应力标定系数，即单位采样值对应的应力值；S 为积分和 $2\sum_{k=1}^{n} Q_{2k-1}^2 + \sum_{k=1}^{k-1} Q_{2k}^2$。

液压凿岩机的冲击应力波能量分布接近矩形分布，见图 7-11，因此可将应力波简化为矩形波，也即积分和 s 简化为矩形面积。

冲击活塞能 E_p 的部分能量传递到岩石用于破岩，能量传递效率为：

$$\eta = \frac{E_s}{E_P}$$

(7-6)

式中：η 为能量传递效率，一般为 $50\%\sim70\%$；E_s 为凿岩耗能。

因此，单位长度钻进耗能为：

$$E_R = E_s \cdot N = E_s \cdot f \cdot t = E_s \cdot f \cdot \frac{1}{v}$$

(7-7)

式中：N 为凿岩次数；f 为凿岩频率；t 为凿岩时间；v 为钻进速度。

3. 计算参数

应力波法计算单位长度凿岩耗能涉及的物理力学参数归纳见表 7-3。

其中试验用钎杆横截面为外六边形、内圆形。外接圆直径为 40mm，内圆直径为 10mm。钎杆断面面积为：

$$A_q = A_{六边形} - A_{圆形} = \frac{3}{2}\sqrt{3}a^2 - \pi r^2$$

(7-8)

式中：a 为六边形外接圆半径，取 $a=0.02$ m；r 为圆形半径，取 $r=0.005$m。

表 7-3　　　　　　　　单位长度凿岩耗能计算参数表

参数	钎杆断面面积 A_q	钢材应力波速 C	凿岩频率 f	能量传递效率 η	脉冲持续时间 t	钎杆弹性模量 E
单位	m^2	m/s	Hz	%	ms	GPa
取值	0.00096	5000	60	62.5	1	207

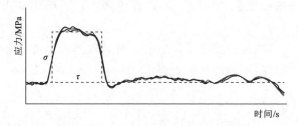

图 7 - 11　凿岩台车应力波示意图

　　图 7-12 为不同岩石单位长度钻进耗能与冲击压强的关系。可以发现钻进耗能与冲击压强实测值的关系明显，不同冲击压强下，单位长度钻进耗能呈现先减少后增大的趋势，符合开口向上抛物线的变化特征，表明存在有最低耗能点，在该点处对应冲击压强下，凿岩钻进效率最高。不同的岩石质量条件下，单位长度钻进耗能与冲击压强的函数关系整体趋势一致，基本呈现开口向上的抛物线关系。

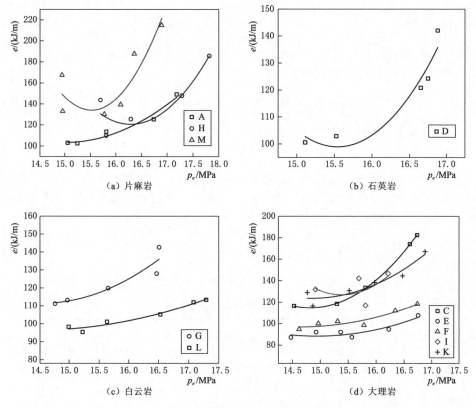

图 7 - 12　不同岩石单位长度钻进耗能与冲击压强的关系

7.4 机-岩映射关系

7.4.1 钻速系数

数字钻机结果表明，钻进速度（v）主要受推进压强（p_t）和冲击压强（p_e）的影响，旋转转速（n）影响较小。合理评价岩石属性的关键就是滤除钻进参数（p_e、p_t）对 v 的影响，得到一个不受钻进参数影响仅和岩石相关的新指标。

岩石数字钻进数据表明，钻进速度（v）和钻进参数（p_e、p_t）的关系可以表示为：

$$v = \alpha \cdot f(p_e) \cdot f(p_t) \tag{7-9}$$

式中：α 为钻速系数，单位为 1，是一个仅与岩石属性有关的参数，不受推进压强（p_t）和冲击压强（p_e）的影响。

图 7-13 中，v 与 p_t 呈线性关系，且斜率大于 0，$f(p_e)$ 应为一次函数；v 与 p_e 呈开口向下的二次抛物线关系，$f(p_t)$ 应为开口向下的二次函数。

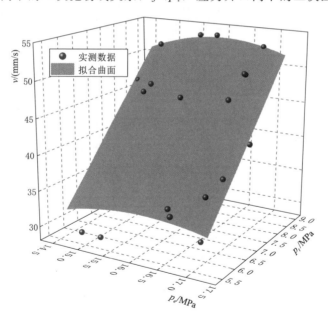

图 7-13 不同推进压强（p_t）和冲击压强（p_e）时的钻进速度（以 A 岩石为例）

为此构建如下函数：

$$v = \alpha \cdot p_t \cdot (A p_e^2 + B p_e + C) \tag{7-10}$$

利用 Origin 软件多元函数回归分析，得到参数 $A=-1$，$B=32$，$C=-210$。

图 7-14 (a) 中，在推进压强（p_t）和冲击压强（p_e）发生变化时，钻进速度的离散性非常大，最小钻进速度（v_{min}）为 28.25mm/s，而最大钻进速度（v_{max}）达到了 54.13mm/s。所以，试验数据表明，即使在均质材料中机械参数对钻进速度的影响也是显著的，仅采用钻进速度作为评价岩体参数的唯一标准是不合理的。钻速系数作为一个仅与岩石属性有关的参数，不受推进压强（p_t）和冲击压强（p_e）的影响，其变化规律见图 7-14 (b)，无论推进压强（p_t）和冲击压强（p_e）如何变化，α 值在均质材料中是非常稳定的数值，平均值为 1.30。因此，利用钻速系数表达岩石钻进特性比传统的钻进速度更为合理，且是稳定的。

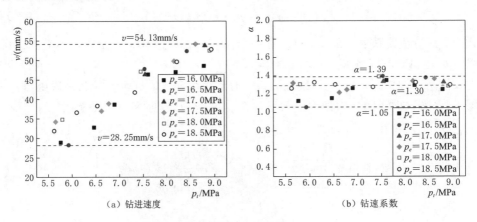

图 7-14　钻进速度和钻速系数的变化特点（A 岩石为例）

对不同岩石钻进速度 v 进行 p_e、p_t 的多元函数回归，采用同样的参数 A、B 和 C（$A=-1$，$B=32$，$C=-210$），每一种岩石均可以得到一个稳定的 α 值来表征岩石属性，不同岩石的钻速系数列于表 7-4。

表 7-4　　　　　　　　　　不同岩石的钻速系数

岩石编号	岩石类型	钻速系数（α）	岩石编号	岩石类型	钻速系数（α）
A	片麻岩	1.30	H	片麻岩	1.40
C	大理岩	1.70	I	大理岩	1.56
D	石英岩	1.45	J	白云岩	1.39
E	大理岩	1.60	K	大理岩	1.25
F	大理岩	1.52	L	白云岩	1.38
G	白云岩	1.71	M	片麻岩	0.97

1. 岩石单轴抗压强度与钻速参数的映射关系

图 7-15 中，对岩石单轴抗压强度（UCS）和钻速系数（α）进行线性拟合，拟合优度可以达到 0.63，两者的函数关系式如下：

$$UCS = -114.39 \times \alpha + 246.34 \quad (R^2 = 0.63) \tag{7-11}$$

可以看出，UCS 与 α 具有较好的线性相关性，α 越大，对应的 UCS 越小，两者呈现负相关。回归分析得到的拟合曲线，拟合优度较高，可以准确表征 UCS 与 α 的函数关系。

2. 岩石耐磨性与钻速系数的映射关系

图 7-16 中，对岩石磨蚀性指数（CAI）和钻速系数（α）进行线性拟合，拟合优度为 0.26，两者的函数关系式如下所示：

$$CAI = -1.18 \times \alpha + 3.31 \quad (R^2 = 0.26) \tag{7-12}$$

可以看出，α 越大，对应的 CAI 越小，两者呈现负相关。由于 CAI 与 α 均为实测数据，因而两者存在一定的离散性，但整体趋势仍可采用一次函数进行描述。

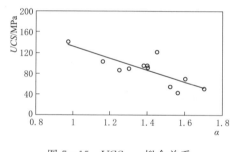
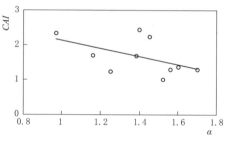

图 7-15 UCS-α 拟合关系   图 7-16 CAI-α 拟合关系

3. 岩石抗拉强度与钻速系数的映射关系

图 7-17 中，对岩石抗拉强度（σ_t）和钻速系数（α）进行线性拟合，拟合优度为 0.17，两者的函数关系式如下：

$$\sigma_t = -3.3 \times \alpha + 12.05 \quad (R^2 = 0.17) \tag{7-13}$$

可以看出，α 越大，对应的 σ_t 越小，两者呈现负相关。由于岩石抗拉强度测量较为困难，因而 α 与 σ_t 存在较大离散性，但整体趋势仍可采用一次函数进行描述。

4. 岩石弹性模量与钻速系数的映射关系

图 7-18 中，对岩石弹性模量（E）和钻速系数（α）进行线性拟合，拟合优度为 0.14，两者的函数关系式如下：

$$E = -20 \times \alpha + 68.21 \quad (R^2 = 0.14) \tag{7-14}$$

可以看出，α 越大，对应的 E 越小，两者呈现负相关。由于岩石弹性模量受围压影响明显，因而 α 与 E 存在较大离散性，但整体趋势仍可采用一次函数进行描述。

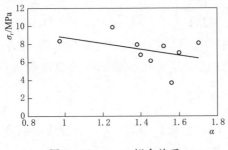

图 7-17　$\sigma_t - \alpha$ 拟合关系

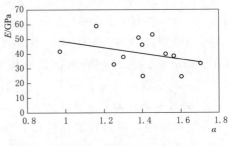

图 7-18　$E - \alpha$ 拟合关系

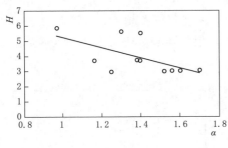

图 7-19　$H - \alpha$ 拟合关系

5. 岩石硬度与钻速系数的映射关系

图 7-19 中，对岩石矿物加权硬度（H）和钻速系数（α）进行线性拟合，拟合优度为 0.38，两者的函数关系式如下：

$$H = -3.37 \times \alpha + 8.63 \quad (R^2 = 0.38) \tag{7-15}$$

可以看出，α 越大，对应的 H 越小，两者呈现负相关。

7.4.2　耗能系数

类似地，钻进耗能（E_R）同时受推进压强（p_t）和冲击压强（p_e）的影响，合理评价岩石属性同样需要滤除钻进参数（p_e、p_t）对 E_R 的影响，得到一个不受钻进参数影响且仅和岩石相关的新指标。

岩石数字钻进数据表明，钻进耗能（E_R）和钻进参数（p_e、p_t）的关系可以表示为：

$$E_R = \beta \cdot f(p_e) \cdot f(p_t) \tag{7-16}$$

式中：β 为耗能系数，单位为 1，是一个仅与岩石属性有关的参数，不受推进压强（p_t）和冲击压强（p_e）的影响。

图 7-20 中，E_R 与 p_t 呈线性关系，且斜率小于 0，$f(p_e)$ 应为一次函数；E_R 与 p_e 呈开口向上的二次抛物线关系，$f(p_t)$ 应为开口向上的二次函数。

为此构建如下函数：

$$E_R = \beta \cdot \frac{(Ap_e^2 + Bp_e + C)}{p_t} \tag{7-17}$$

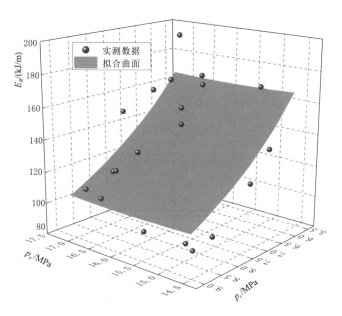

图 7-20 不同推进压强（p_t）和冲击压强（p_e）时的钻进耗能（以 A 岩石为例）

利用 Origin 软件进行多元函数回归分析，得到参数 $A = 1$，$B = -32$，$C = 497$。

图 7-21（a）中，在推进压强（p_t）和冲击压强（p_e）发生变化时，钻进耗能的离散性非常大，最小钻进耗能（$E_{R,\min}$）为 90.71kJ/m，而最大钻进耗能（$E_{R,\max}$）达到了 192.64kJ/m。所以，试验数据表明，即使在均质材料中机械参数对钻进耗能的影响也是显著的，仅采用钻进耗能作为评价岩体参数的唯一标准是不合理的。耗能系数作为一个不受钻进参数影响、仅和岩石相关的指标，其变化规律见图 7-21（b），无论推进压强（p_t）和冲击压强（p_e）如何变

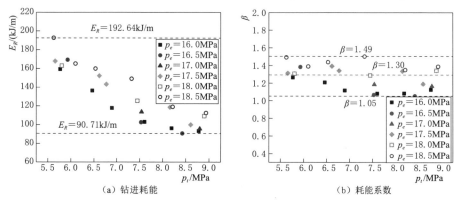

（a）钻进耗能　　　　　　　　　　　（b）耗能系数

图 7-21 钻进速度和钻速系数的变化特点（以 A 岩石为例）

化，β 值在均质材料中是非常稳定的数值，平均值为 1.30。因此，利用耗能系数表达岩石钻进特性比传统的钻进耗能更为合理，且是稳定的。

对不同岩石钻进耗能 E_R 进行 p_e、p_t 的多元函数回归，采用同样的参数 A、B 和 C（$A=1$，$B=-32$，$C=497$），每一种岩石均可以得到一个稳定的 β 值来表征岩石属性，不同岩石的耗能系数列于表 7-5。

表 7-5　　　　　　　　　　　不同岩石的耗能系数

岩石编号	岩石类型	耗能系数（β）	岩石编号	岩石类型	钻速系数（β）
A	片麻岩	1.31	H	片麻岩	1.30
C	大理岩	1.11	I	大理岩	1.12
D	石英岩	1.20	J	白云岩	1.24
E	大理岩	0.98	K	大理岩	1.29
F	大理岩	1.04	L	白云岩	1.19
G	白云岩	1.36	M	片麻岩	1.71

1. 岩石单轴抗压强度与耗能系数的映射关系

图 7-22 中，对岩石单轴抗压强度（UCS）和耗能系数（β）进行线性拟合，拟合优度可以达到 0.59，两者的函数关系式如下：

$$UCS = 62.62 \times \beta^{1.60} \quad (R^2 = 0.59) \tag{7-18}$$

可以看出，UCS 与 β 具有较好的线性相关性，β 越大，对应的 UCS 越大，两者呈现正相关性。虽然两者存在一定离散性，但回归方程对应的拟合优度较高，因而可以准确用于表征 UCS 与 β 的函数关系。

2. 岩石耐磨性与耗能系数的映射关系

图 7-23 中，对岩石磨蚀性指数（CAI）和耗能系数（β）进行线性拟合，拟合优度为 0.39，两者的函数关系式如下：

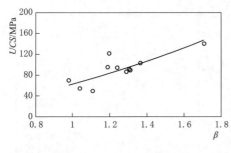
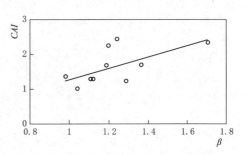

图 7-22　UCS-β 拟合关系　　　　　图 7-23　CAI-β 拟合关系

$$CAI = 1.27 \times \beta^{1.21} \quad (R^2 = 0.39) \tag{7-19}$$

可以看出，β 越大，对应的 CAI 越大，两者呈现正相关。由于 CAI 与 β 均为实测数据，两者虽然存在一定离散性，但整体趋势仍可采用一次函数进行描述。

3. 岩石抗拉强度与耗能系数的映射关系

图 7-24 中，对岩石抗拉强度（σ_t）和耗能系数（β）进行线性拟合，拟合优度为 0.19，两者的函数关系式如下：

$$\sigma_t = 35.28 \times \beta^{0.72} \quad (R^2 = 0.19) \qquad (7-20)$$

可以看出，β 越大，对应的 σ_t 越大，两者呈现正相关。同样由于岩石抗拉强度测量较为困难，β 与 σ_t 存在较大离散性，但整体趋势仍可采用一次函数进行描述。

4. 岩石弹性模量与耗能系数的映射关系

图 7-25 中，对岩石弹性模量（E）和耗能系数（β）进行线性拟合，拟合优度为 0.13，两者的函数关系式如下：

$$E = 5.46 \times \beta^{0.86} \quad (R^2 = 0.13) \qquad (7-21)$$

可以看出，β 越大，对应的 E 也越大，两者呈现正相关。由于岩石弹性模量受围压影响明显，因而 β 与 E 存在较大离散性，但整体趋势仍可采用一次函数进行描述。

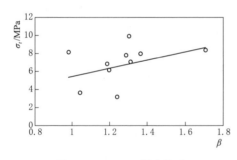

图 7-24 σ_t-β 拟合关系

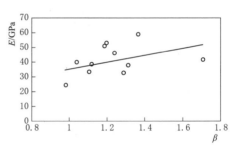

图 7-25 E-β 拟合关系

5. 岩石硬度与耗能系数的映射关系

图 7-26 中，对岩石矿物加权硬度（H）和耗能系数（β）进行线性拟合，拟合优度为 0.57，两者的函数关系式如下：

$$H = 2.90 \times \beta^{1.35} \quad (R^2 = 0.57)$$
$$(7-22)$$

可以看出，β 越大，对应的 H 越大，两者呈现正相关。回归分析得到

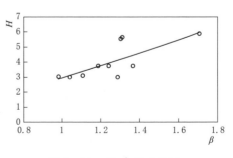

图 7-26 H-β 拟合关系

的拟合曲线，拟合优度较高，可以准确表征 H 与 β 的函数关系。

7.4.3　机-岩映射模型

将钻进系数与岩体参数的函数关系式、耗能系数与岩体参数的函数关系式汇总后列于表 7-6，依据表中各公式拟合优度的大小，建议选用 UCS、E 与 α 的函数关系，CAI、σ_t、H 与 β 的函数关系建立机-岩映射模型。

表 7-6　　　　　　　钻速系数、耗能系数与岩体参数函数关系式

岩体参数	钻速系数（α）	耗能系数（β）
UCS	$UCS = -114.39 \times \alpha + 246.34$　（$R^2 = 0.63$）	$UCS = 62.62 \times \beta^{1.60}$　（$R^2 = 0.59$）
CAI	$CAI = -1.18 \times \alpha + 3.31$　（$R^2 = 0.26$）	$CAI = 1.27 \times \beta^{1.21}$　（$R^2 = 0.39$）
σ_t	$\sigma_t = -3.3 \times \alpha + 12.05$　（$R^2 = 0.17$）	$\sigma_t = 35.28 \times \beta^{0.72}$　（$R^2 = 0.19$）
E	$E = -20 \times \alpha + 68.21$　（$R^2 = 0.14$）	$E = 5.46 \times \beta^{0.86}$　（$R^2 = 0.13$）
H	$H = -3.37 \times \alpha + 8.63$　（$R^2 = 0.38$）	$H = 2.90 \times \beta^{1.35}$　（$R^2 = 0.57$）

所建立的冲击钻机机-岩映射模型如下式：

$$\begin{cases} UCS = -114.39 \times \alpha + 246.34 \\ E = -20 \times \alpha + 68.21 \\ \sigma_t = 35.28 \times \beta^{0.72} \\ CAI = 1.27 \times \beta^{1.21} \\ H = 2.90 \times \beta^{1.35} \end{cases} \tag{7-23}$$

7.5　岩体完整性评价

岩体完整性可通过岩石质量变化加以体现，不同岩石和结构面之间钻速系数（α）和耗能系数（β）必然存在差别。图 7-27～图 7-30 给出了 P 岩箱和 N 岩箱在不同设定参数下，每一个钻孔中钻速系数（α）和耗能系数（β）随岩箱长度变化的情况。

其中，在结构面-1（50mm）的钻进过程中，部分岩段存在数据缺失，出现该现象的原因在于凿岩台车精度不足，钻孔速度太快，并且采用的是等间距采样法，无法处理得到钻进速度。当结构面宽度设置为 100mm（结构面-2）时，可以处理得到有效数据。这种测试方法凿岩台车对结构面的识别精度为 10cm。

从现有的数据，可以看出，预设结构面的钻速系数（α）明显高于岩石的钻速系数（α），预设结构面的耗能系数（β）明显低于岩石的耗能系数（β）。这是由于结构面是由混凝土浇筑而成，强度明显低于岩石强度，造成结构面段钻进速度大，钻进耗能小。该规律与不同岩石的钻速系数和耗能系数变化规律相一致（质量差的岩石比质量好的岩石钻速系数大，耗能系数小）。

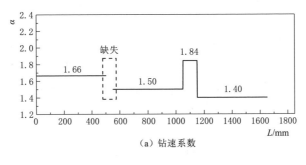

（a）钻速系数

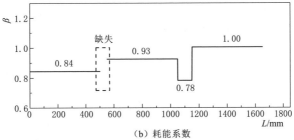

（b）耗能系数

图 7-27 预制结构面岩体 α 与 β 随 P 岩箱长度 L 变化情况
（165-75-250）

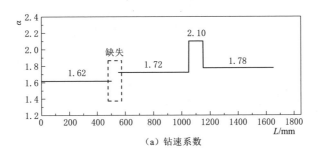

（a）钻速系数

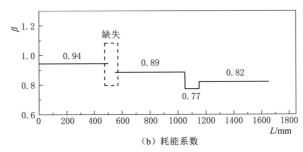

（b）耗能系数

图 7-28 预制结构面岩体 α 与 β 随 P 岩箱长度 L 变化情况
（175-75-250）

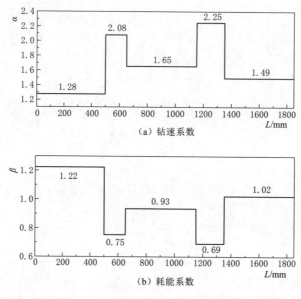

图 7 - 29　预制结构面岩体 α 与 β 随 N 岩箱长度 L 变化情况
（175 - 65 - 250）

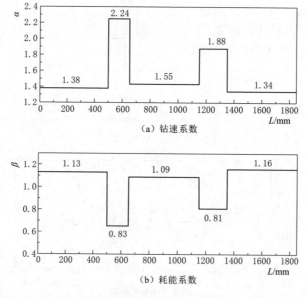

图 7 - 30　预制结构面岩体 α 与 β 随 N 岩箱长度 L 变化情况
（175 - 85 - 250）

　　同一岩箱中浇筑有 3 个岩块,从钻速系数(α)和耗能系数(β)变化图中可以看出,凿岩台车的钻进数据可以有效识别不同的岩块之间差别。由于岩块之间的强度差别不如岩块与混凝土之间(结构面)的强度差别那么大,所以钻速系数(α)和耗能系数(β)之间的差值相对较小,但这与岩块与岩块间质量差别相对较小是相一致的。

　　尽管凿岩台车可以有效识别结构面,目前识别精度为 10cm。限制识别精度的主要因素在于凿岩台车采用的是等距离采样法,采集数据是按给定距离间隔排列的,见图 7 - 31(a)。这种采样模式得到的数据处理起来非常困难,加之凿岩台车钻进速度很快,造成无法计算得到钻进速度的具体值,也就无从滤除得到钻速系数和耗能系数。

　　以往经验表明,采集数据应按照钻孔全过程的时间间隔排列,见图 7 - 31(b),这种采样模式直接清晰地反映了钻进速度(即距离与时间的斜率),不论哪一段钻进过程均可处理得到钻进速度。因而,要进一步提升凿岩台车对结构面的识别精度,一方面建议将凿岩台车采样方式变为等时间采样法,另一方面需要加密采样次数。

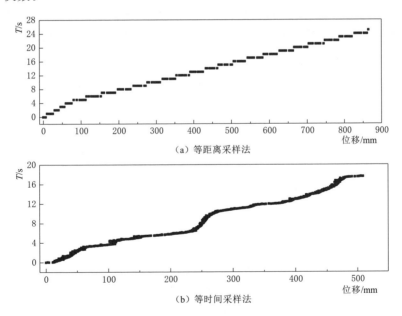

(a)等距离采样法

(b)等时间采样法

图 7 - 31　两种采样方法对比

7.6　小结

　　本章进行了凿岩台车数字钻进试验,获取了不同钻进参数(冲击压强、推进压强和旋转转速）、不同岩石和预设结构面岩体的数字钻进数据特征。数字钻孔数量达 492 个，庞大的数据库为建立凿岩台车数字钻进信息和岩体质量参数的关系提供了坚实的数据基础。

通过数据处理，揭示了钻进速度与推进压强呈线性正相关关系，钻进速度与冲击压强的呈开口向下的二次抛物线关系，钻进速度与旋转转速无明显关系；单位长度钻进耗能与冲击压强呈开口向上的二次抛物线关系。

通过对钻进速度和钻进耗能滤除钻进参数（p_e、p_t）的影响，提出钻速系数（α）和耗能系数（β）的概念。在此基础上，通过多元函数回归分析，建立 $UCS - \alpha$、$CAI - \alpha$、$\sigma_t - \alpha$、$E - \alpha$ 和 $H - \alpha$；$UCS - \beta$、$CAI - \beta$、$\sigma_t - \beta$、$E - \beta$ 和 $H - \beta$ 的函数关系。通过对比回归方程的拟合优度大小可知，建议选用 UCS、E 与 α 的函数关系，CAI、σ_t、H 与 β 的函数关系建立机-岩映射模型，从而为实际钻进过程的实时预测提供理论依据。

岩体完整性可通过不同岩石和结构面之间钻速系数（α）和耗能系数（β）的不同加以体现。研究表明钻速系数（α）和耗能系数（β）可有效识别不同岩性间的差别，说明本研究所建立的机-岩映射模型可以适用于岩体完整性的识别。通过预制结构面岩体的钻进数据，发现凿岩台车对结构面的识别精度为 10cm，要想进一步提升识别精度，一方面建议将凿岩台车的采样方式变为等时间采样法，另一方面需要加密采样次数。

第 8 章
工程实践

8.1 地层完整性和透水率探测——新疆奴尔水库

鉴于修建于西域砾岩地区的水利水电工程较少，致使人们对其工程力学性质研究较少且了解不够，为进一步明确奴尔水库西域砾岩的完整性和透水率特性，采用中国水利水电科学研究院研发的地质钻机数字钻机技术（DDT），结合库区左、右岸 3 个斜孔钻进，分析了库区西域砾岩的完整性分布，并与压水试验成果对比和关联，为掌握西域砾岩工程奴尔水库渗漏分析提供了新途径。

8.1.1 奴尔水库地层数字钻进检测

在奴尔水库工程钻孔开展数字钻进（图 8-1）监测，自动采集的钻具响应信

（b）液压传感器

（e）激光位移传感器

（c）数据采集仪

（d）数据传输

（a）地质钻机数字钻进

（f）转速传感器

图 8-1　奴尔水库工程数字钻进监测

息包括：钻进时间（t，s）、钻进压强（P，MPa）、钻头旋转转速（n，r/s）、钻进位移（s，mm）等。奴尔水库数字钻进典型数据见图 8-2。

检测钻孔编号分别是奴尔水库右岸 YX-1、YX-2 和左岸 ZX-1，数字钻进过程数据良好，液压传感器、转速传感器和激光位移传感器等工作状态正常，数据采集仪运行稳定。西域砾岩局部破碎程度高（胶结物强度低）或出现空洞，反映出钻进速度和 DPI 值较大，通过计算，获得了 3 个钻孔沿高程排布的 DPI 值，见图 8-3。

根据岩体完整性的实际意义和钻孔过程指数 DPI 的特点，定义用于表达岩体完整性的指标：岩体完整率（Rockmass Integrity，RI），即完整岩体的占比（％），RI 越高则岩体完整性越好，当岩体完全为整体时 RI＝100％。因此，RI 和 DPI 的关系可定义为：

$$RI = \frac{\sum L_i(0 < DPI \leqslant 2)}{L} \times 100\% \tag{8-1}$$

式中：$L_i(0 < DPI \leqslant 2)$ 为 DPI 处于 0～2 之间时对应的岩芯长度。

YX-1 钻孔岩体完整率 RI 分布见图 8-4，岩体钻进的进尺为 61.8m，高程为 2500～2470m，数字钻进揭露的岩体完整性可以归纳为：①岩体整体完整性较差；②部分孔段岩体存在很厚的弱层，高程为 2499.875～2499.74m、2496.8～2496.65m、2495.95～2495.85m、2486.1～2485.8m、2483.35～2483.15m、2482.65～2482.5m、2479～2491.75m；③一些钻孔深度的岩体质量极差，甚至出现空洞，高程为 2492～2491.75m、2476.5～2476.25m、2476.05～2475.75m、2475.45～2475.15m、2474.9～2474.65m。

YX-2 钻孔岩体完整率 RI 分布见图 8-5，岩体钻进的进尺为 71.5m，高程为 2500～2439m，数字钻进揭露的岩体完整性可以归纳为：①岩体整体完整性一般；②部分孔段岩体存在很厚的弱层，高程为 2499.6～2498.29m、2464.8～2463.23m、2443.92～2442.44m；③一些钻孔深度的岩体质量极差，甚至出现空洞，高程为 2469.58～2467.41m。

ZX-1 钻孔岩体完整率 RI 分布见图 8-6，岩体钻进的进尺为 57.5m，高程为 2500～2446m，数字钻进揭露的岩体完整性可以归纳为：①岩体整体完整性一般；②部分孔段岩体存在很厚的弱层，高程为 2485.87～2484.61m、2480.63～2479.18m、2454.93～2453.86m；③一些钻孔深度的岩体质量极差，甚至出现空洞，高程为 2461.23～2459.1m。

岩体完整率较小，这一现象说明西域砾岩完整性受砾石堆积和充填胶结物影响，其工程特性空间变异性较大，现有钻孔勘察等手段难以对西域砾岩工程结构特征的变异性进行全面评价。

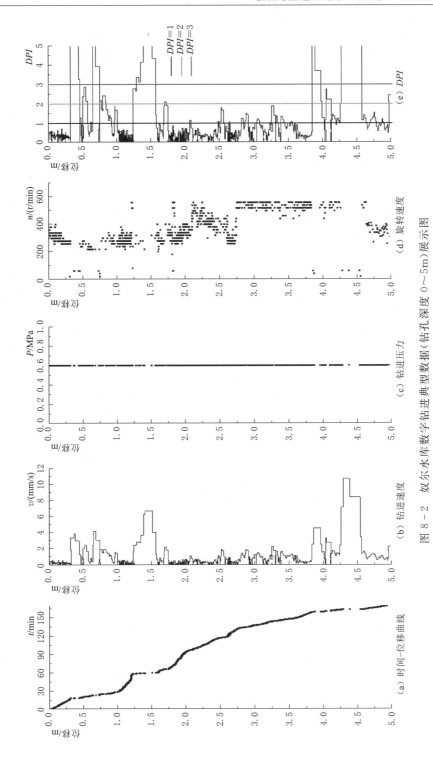

图 8-2 奴尔水库数字钻进典型数据（钻孔深度 0～5m）展示图

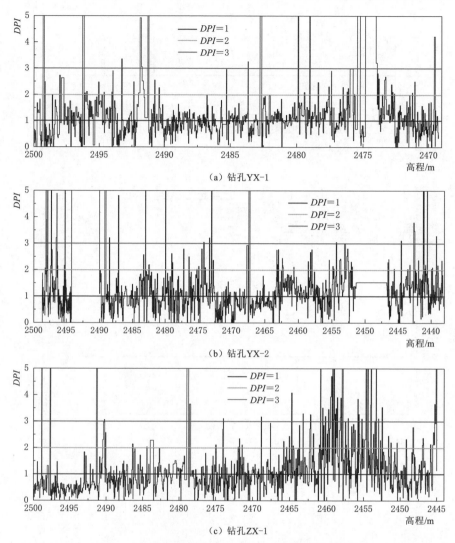

（a）钻孔 YX-1

（b）钻孔 YX-2

（c）钻孔 ZX-1

图 8-3　奴尔水库数字钻进典型 *DPI* 数据展示图

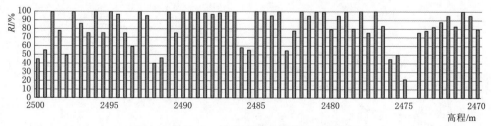

图 8-4　YX-1 钻孔岩体完整率 *RI* 分布图

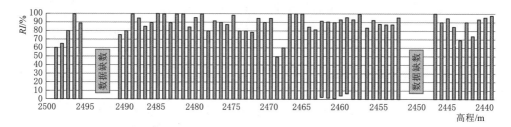

图 8-5 YX-2 钻孔岩体完整率 *RI* 分布图

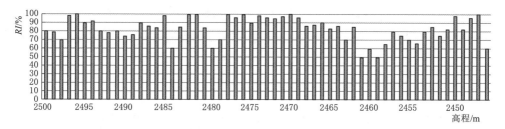

图 8-6 ZX-1 钻孔岩体完整率 *RI* 分布图

8.1.2 岩体完整性和透水率相关性分析

在奴尔水库平行开展了钻孔压水试验，根据《水利水电工程钻孔压水试验规程》（SL 31—2003）要求，自上而下按 5m 分段进行西域砾岩三阶段五点式压水试验，压力设置为 1.0 MPa，获得了岩体的透水率。

建立各钻孔（YX-1、YX-2 和 ZX-1）的岩体完整率（*RI*）和透水率（*q*）关系，见图 8-7，二者拟合计算公式为：

$$q = 316.57e^{-0.04RI} \tag{8-2}$$

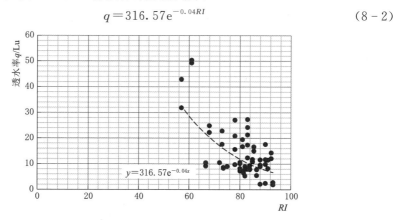

图 8-7 岩体完整率（*RI*）和透水率（*q*）关系曲线

101

由图 8-7 可以看出，随着完整率增大而透水率逐渐降低，数字钻进技术得到的岩体完整性与钻孔压水试验成果有较好的吻合度。

8.2　岩溶地层可灌性评价——云南德厚水库

以云南文山壮族苗族自治州德厚水库为研究对象，验证数字钻进技术在岩溶地层可灌性评价的有效性。首先针对德厚水库地层条件提出一种以基于数字钻进技术的地层岩体参数识别方法为主、跨孔电阻率 CT 等为辅的岩溶地层溶洞分布探测方法。通过数字钻进技术识别沿钻孔分布的溶腔、溶隙位置和岩体参数，并利用跨孔电阻率 CT、钻孔声波和压水试验探测结果验证基于数字钻进技术的地层可灌性评价方法在工程实际中的有效性（Feng et al.，2020）。

8.2.1　德厚水库工程地质情况

德厚水库位于云南省文山壮族苗族自治州马塘镇，是国务院列入的 172 项水利重点工程，也是云南省列入"十二五"开工的重点大型水利工程。德厚水库枢纽工程位于文山壮族苗族自治州文山市盘龙河上游德厚河上，距文山市约为 31km，是一座以农业灌溉和工业供水为主的综合水利工程，工程由大坝枢纽工程、防渗工程和输水工程组成，拦河坝为黏土心墙堆石坝，最大坝高 70.9m，水库总库容 1.13 亿 m^3，为大（2）型水利工程。

根据前期地质调查发现德厚水库库区地处南盘江流域与红河流域分水岭地带，地下水分水岭将其分为两大水文地质单元，将整个水库区围成一封闭性较为良好的地下水活动单元。以该分水岭为界南盘江流域地下水总体流向北、北西、北东，红河流域地下水总体流向南、南西、南东。同时整个库区地层岩层性质复杂，褶皱断层发育，地貌类型多样，区域范围内 60%～70% 为碳酸盐岩地区，溶隙、溶管、溶洞、暗河发育，地下水极为丰富，70%～80% 地表为碳酸盐岩出露区。库区无地形缺口，相对隔水层不完全封闭，且存在低邻谷。出露地层为三叠系中统个旧组（T_2g）隐晶～细晶白云质，灰岩、白云岩，地层接近个旧组顶部，岩性上以隐晶、微晶灰岩为主，具备发生岩溶渗漏的岩性条件。地质结构以单斜为主（上部发育多条次级褶皱），岩层总体斜向南、南东、倾角 30°～50°，基本贯通本段河间地块，断层带导水，水库蓄水后可能发展成集中渗漏通道。经地表地质测绘，咪哩河右岸无泉水点发育，拟建的防渗线路距离咪哩河河道 0.5～1.4km，据长观测孔 ZK_2、ZK_3、ZK_4、ZK_{15} 三年连续观测资料分析，钻孔水位（在 1336～1370 m 区间）基本低于相应的咪哩河河水水位，河间地块的盘龙河右岸相应的位置发育两个较大流量的岩溶泉，流量为 10～30 L/s，由此分析库区咪哩河河道属补排型（即左岸补给、右岸排泄），河间地块间不存在地下分水岭，属库岸地下水低槽区，成为库区右岸的主要渗漏区块。库区具体地质情况见图 8-8。

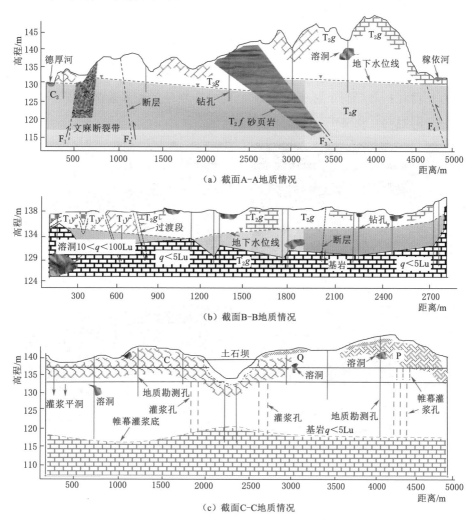

（a）截面 A-A 地质情况

（b）截面 B-B 地质情况

（c）截面 C-C 地质情况

图 8-8　德厚水库库区地质情况

　　德厚水库于 2007 年进行可行性研究，并于 2015 年开始建设。在前期勘探和施工阶段都发现该地区岩溶发育，常规灌浆工艺难以满足施工要求。中国水利水电科学研究院于 2017 年 6 月受德厚水库建设管理方邀请，前往德厚水库进行帷幕灌浆孔吃浆位置和溶洞分布探测工作。探测工作历时 1 年 2 个月，并于 2018 年 8 月结束。在德厚水库库区 2 标段试验区进行多种探测手段联合探测德厚水库灌浆孔之间的岩溶分布和灌浆孔内溶腔位置，配合云南建投公司提出的岩溶膏浆施工工艺，成功解决岩溶地区灌浆难题。德厚水库于 2021 年 4 月 1 日

正式进入运行阶段，水库蓄水位 1367.5m（离正常蓄水位差 10m），库容 4150
万 m^3，坝脚量水堰的流量约 3.5L/s。坝脚量水堰的流量并不是坝体和坝基的正
常渗漏量，这其中包含了左岸汇入的一股地下水。根据水库下游多处的长期观
测孔水位，水库蓄水正常，没发现大的通道型集中渗漏，工程投资可控并有
节余。

　　在德厚水库工程建设初期，左岸坝肩地下 5m 处发现一个直径为 2.2m、深
13m 的泥质填充型溶洞 [图 8-9（a）]。同时在坝址区和库区都发现了图 8-9
（b）、（c）中的溶洞坍塌和大型串联溶洞群。

（a）地下大型溶洞　　　　　　　　　　（b）溶洞坍塌

（c）串联溶洞群　　　　　　　　　　（d）冒浆串孔

图 8-9　德厚水库岩溶情况

　　在部分先导孔灌浆过程中，由于一些串联型的中小型溶洞岩溶发育程度高
且具有很强的不确定性，灌浆之前依旧不能掌握孔内溶洞分布情况，导致当钻
孔在一定灌浆压力下进行灌浆时时常发现浆液串孔冒浆。德厚水库帷幕灌浆段
5％的防渗帷幕孔都出现此类工程地质问题。如 2017 年 4 月，库区帷幕灌浆段
K143 孔持续灌浆 2 个月，一直达不到停灌标准，然而在距钻孔 500m 外农田中
发现了已经固结的泥浆，见图 8-9（d）。

　　《水利水电工程钻孔压水试验规程》（SL 31—2003）要求水利工程灌浆孔都
需要使用压水试验测量地层透水率情况，通过地层透水率变化判断地层结构变
化，一般高透水率意味着溶洞和夹泥层。钻孔过程中，库区所有的灌浆孔都在
水压 1MPa 下每隔 5m 进行 1 次图 8-10 中的压水试验，试验步骤按照《水利水

电工程钻孔压水试验规程》（SL 31—2003）进行。图 8-11 为某钻孔压水试验透水率与灌浆量的关系，根据前期灌浆经验认为灌浆量超过 40 kL 的区域为地质不良体。由图 8-12 可知，地层透水率和灌浆量相关性较弱，主要原因是大部分黏土充填型溶隙很难在 1MPa 的水压下冲破，而在 2.5～4MPa 的灌浆压力下却很容易被泥浆贯通，导致黏土充填型溶隙很难通过压水试验识别出。同时库区帷幕灌浆段部分地区虽然使用电磁波 CT 探测了防渗帷幕线上地质情况（图 8-12），但该方法只能大范围识别地层溶洞分布（精度不高），却无法识别出钻孔沿

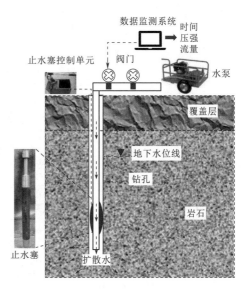

图 8-10 压水试验示意图

线的溶腔位置，而分布在钻孔上的溶腔才是控制灌浆量的关键（大量的灌浆在钻孔上的溶腔流失或串孔）。因此在灌浆前期精准地掌握沿钻孔深度分布的溶腔、溶隙位置和岩体力学参数是保证灌浆成功的关键。

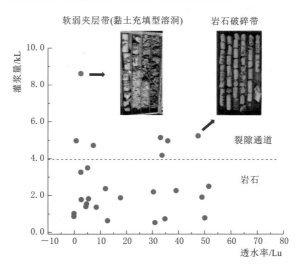

图 8-11 压水试验透水率与灌浆量的关系

8.2.2 岩溶分布探测手段及步骤

为验证基于数字钻进技术的地层岩体参数识别方法对岩溶地质条件探测的

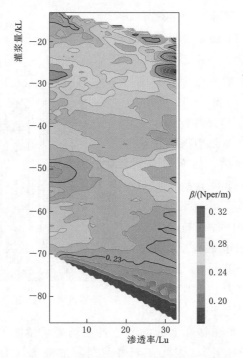

图 8-12　两钻孔之间电磁波吸收系数 β 分布

有效性，提出一种结合数字钻进技术、跨孔电阻率 CT、钻孔声波法和压水试验的岩溶分布探测方法，其中跨孔电阻率 CT 和钻孔声波法介绍如下。

二维跨孔电阻率 CT 探测是将探测电极放入孔中采集信号的一种孔内探测方法，与地表电阻率探测方法相比，跨孔电阻率 CT 采用跨孔"透视对穿"的观测方式，探测点更接近勘探目标，因此可获取大量与孔间介质地电结构密切相关的数据，图 8-13 展示了二维跨孔电阻率 CT 探测原理。通过对探测数据进行反演计算，得到探测区域围岩电阻率剖面，其中含水构造表现为低电阻率区域，

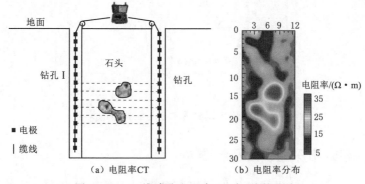

（a）电阻率 CT　　　　（b）电阻率分布

图 8-13　二维跨孔电阻率 CT 探测原理图

完整围岩表现为高电阻率区域，从而达到对探测区域地质情况探测的目的。除了上述特点以外，在特别复杂的探测环境中，跨孔电阻率 CT 可深入岩层，避开各种电磁干扰，从而取得良好的精细探测效果。因此该方法在分辨率和探测精度方面具有天然优势。正是基于这种优势，二维跨孔电阻率 CT 被认为在精细探测领域具有良好的应用和发展前景。

　　钻孔声波法是岩土工程中常用的波速原位测试方法，一般包括单孔声波法与跨孔声波法。单孔声波法通常是指在地面或在信号接收孔中激振时，检波器在一个垂直钻孔中自上而下逐层检测地层的纵波或横波，计算每一层的纵波或横波波速，单孔声波法测试的是地层的竖向平均值。本次试验中由于试验条件的限制采用了单孔声波法，试验过程中采用孔内水作为耦合剂，使用一发双收换能器进行单孔声波试验。试验原理如式（8-3）和图 8-14。

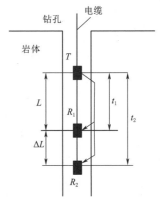

图 8-14　钻孔声波原理图

$$v_p = \frac{\Delta L}{\Delta t} \qquad (8-3)$$

式中：ΔL 为两接收换能器间距，m；Δt 为纵波传播时间，s。本试验 $\Delta L = 20\text{cm}$，因此每米钻孔可获得 5 个岩层声波值。声波波速与岩石 Q 值和 RMR 值的经验关系见表 8-1，根据表 8-1 可快速评估钻孔岩体质量特性。

表 8-1　　　　　　　　　　钻孔声波与岩体质量特征对比

v_p/(m/ms)	Q 值	RMR 值	岩性分类
<1.6	<0.02	<20	很差
1.6~3.0	0.02~0.5	21~40	差
3.0~4.3	0.5~7.0	41~60	一般
4.3~5.6	7.0~45	61~80	好
>5.6	>45	81~100	很好

　　德厚水库岩溶分布联合探测方法实施步骤如下：

　　（1）首先将数字钻进装置安装在地质钻机上，实时记录钻进过程中钻具响应信息（旋转转速、推力、转矩和位移）随钻进深度的变化，按照钻进数据处理方法获取纯钻进速率随钻进深度的变化。初步判断裂隙通道、溶腔及溶洞沿钻孔深度的分布位置。岩芯会在钻进过程中同步取出并按深度摆放，以获得沿钻孔深度的地质情况，特别是软弱夹层带、岩石破碎带、溶腔、裂隙沿钻孔深度的位置。每钻进 5m 对钻孔进行 1 次压水试验，以统计沿钻孔深度变化的岩层透水率。

（2）单孔声波法在钻孔结束后测量钻孔岩层声波随钻孔深度的变化，根据岩层声波大小和表 8-1 评估地层岩体性质变化。当 2 个灌浆先导孔结束后，使用跨孔电阻率 CT 测量灌浆先导孔之间的溶洞空间分布和几何形状。利用跨孔电阻率 CT、钻孔声波法和压水试验探测结果验证基于数字钻进技术的地层岩体参数识别方法在岩溶地质条件探测方面的有效性。

（3）随后对灌浆先导孔进行灌浆处理，记录每米地层耗浆量。当钻孔在预设灌浆压力下浆液注入速率为 1L/min 时，可在 30min 后停止注浆。

库区岩溶地质探测试验区选在库区帷幕灌浆Ⅱ标段。试验区钻孔主要分布在 3 个区域，见图 8-15，具体为试验 1 段 K231～K243 孔、试验 2 段 K151～K167 孔，以及试验 3 段 BK01～BK31 孔。其中 K243 孔设计孔深为 100.51m，非灌段为 7.61m；K237 孔设计孔深为 101.43m，非灌段为 8.39m；K231 孔设计孔深为 101.97m，非灌段为 8.81m；两孔间距为 12m。该试验段钻孔时间为 2017 年 8—12 月。K151～K167 孔总长 24m，双孔间距 12m，由于该地区附近灌浆孔一直处于复灌状态，且难以达到停灌标准，试验段钻孔历时四个月（2018 年 4—7 月）。地质勘探前期发现 BK01～BK31 孔之间存在较大溶洞区，为探测该地区三维地质构造，选择在 BK01～BK31 孔之间选择 5 个灌浆孔进行三维岩溶地质探测。地区由于地质构造复杂，试验区钻孔时间为 2018 年 4—8 月。本书重点介绍 K231～K243 孔试验区探测结果，其中跨孔电磁波 CT 因为工程安排问题未在 K231～K243 孔使用。

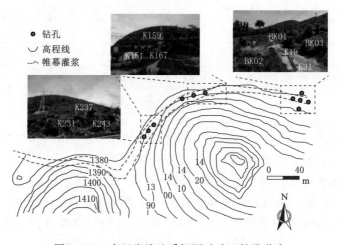

图 8-15　库区岩溶地质探测试验区钻孔分布

8.2.3 岩溶分布探测分析

由于跨孔电阻率 CT 和钻孔声波法探测都需要水作为耦合介质，探测深度和钻孔深度有一定的偏差。大部分探测范围为地下 15m（地下水位）至地下 100m，其中部分钻孔探测深度小于 100m，主要原因是钻孔底部被沉淀的淤泥填充。当岩溶地质综合探测方法在上述 11 个钻孔实施后，综合分析岩层钻进速率、钻孔声波、岩层透水率及岩芯变化可确定沿钻孔深度变化的地质不良体位置，两钻孔之间的溶洞分布和范围可通过两钻孔之间岩层电阻率变化确定。其中岩溶地区的各探测参数范围为：电阻率＜1200Ω·m、钻进速率＞9cm/min、透水率＞50Lu、低波速＜2.8km/s。根据探测结果发现 K231～K237 之间存在 4 处大小不一的溶洞，溶洞位置和构造特征分布见表 8-2 和表 8-3。K243～K237 孔之间共存在 5 处大小不一的溶洞，溶洞位置和构造特征分布见表 8-4 和表 8-5。

表 8-2   **K231～K237 孔之间潜在溶洞分布**

序号	范围/m	深度/m	溶洞类型	地 层 解 释	耗浆量
1	17～40	33	连通型	存在一个范围很大的连通型溶洞，基本覆盖 2 钻孔范围，部分钻孔岩芯破碎明显，存在一段较长黏土充填型岩芯未取出。整段钻进速率、电阻率、透水率、岩芯分布和耗浆量符合地质不良体探测参数范围。其中 20～22m、25～27m、36～39m 存在潜在连通的溶腔通道	≥40000L/m
2	55～70	15	连通型	存在一个较大的连通型溶洞带。该段整体钻进速率较高，多段岩芯破碎，且存在黏土充填型岩芯，主要潜在溶腔通道分布在 60～61m 和 63～65m。溶洞耗浆量也验证溶洞存在	≥10000L/m
3	81～88	7	封闭型（黏土充填）	存在一个范围适中的封闭型溶洞，洞耗浆量大于 4000L/m。其中 84～85m 处存在潜在黏土充填型溶腔通道，溶洞其他部位岩性较好，封闭性较好	≥4000L/m
4	95～100	5	封闭型（黏土充填）	存在一个范围适中的封闭型溶洞，溶洞基本覆盖 2 钻孔范围。整段钻进速率、电阻率、透水率、岩芯分布和耗浆量都符合地质不良体探测参数范围。且溶洞内多为黏土充填段，导致整段灌浆量一般	≥1000L/m

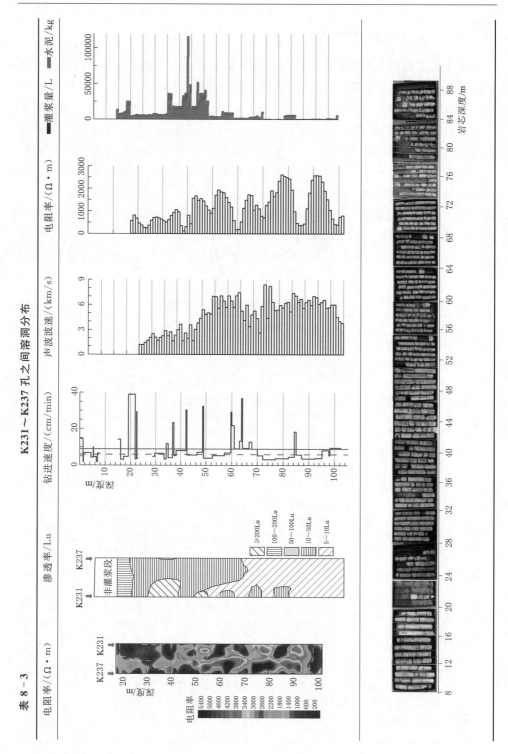

表 8 - 3　K231~K237 孔之间溶洞分布

表 8-4　　　　　K243～K237 孔之间潜在溶洞分布

序号	范围/m	深度/m	溶洞类型	地 层 解 释	耗浆量
1	18～20	2	连通型	存在一个呈三角形分布的连通型溶洞。18～19m钻进速度较快，岩芯破碎，部分黏土充填型岩芯未取出，整段透水率较高，证明18～19m存在一个连通溶腔。耗浆量较大也验证溶洞存在	≥2300L/m
2	30～37	7	连通型（溶腔黏土充填）	存在一个范围较大的连通型溶洞，且可能与地层其他部位溶洞连通。30～31m整体钻速较大，透水率小，岩芯破碎，存在黏土充填型岩芯，证明30～31m存在一个黏土充填的连通溶腔。34～36m整体钻速较大，透水率高，存在黏土充填型岩芯，证明34～36m存在另一个连通溶腔。耗浆量也验证溶洞带存在	≥8000L/m
3	49～62	13	连通型	存在一个范围较大的连通型溶洞，溶洞主体部分分布在2孔中间，钻孔上存在多条潜在溶腔通道，具体分布在49～50m和57～60m。其中49～50m范围钻速较大，透水率很小，且为黏土充填型岩芯，同时灌浆量相对较小。59～60m处钻速较大，岩芯部分破碎，部分为黏土充填	≥3000L/m
4	70～80	10	连通型（部分溶腔黏土充填）	存在一个范围适中、斜向上的狭长连通型溶洞，溶洞主体靠近K243试验孔。钻孔存在多条潜在溶腔通道，如71.5～73m、79～80m处，岩芯多为黏土充填，整体透水率都较低，但K243孔在70～80m范围内灌浆压力较大，挤压溶腔黏土，导致溶腔通道与其他溶洞联通，使灌浆量较高	≥1500L/m
5	91～93	2	封闭型	存在一个小范围的封闭型溶洞，整段透水率较高，岩芯较为破碎，部分黏土充填	

表 8 - 5　　**K243～K237 孔之间溶洞分布**

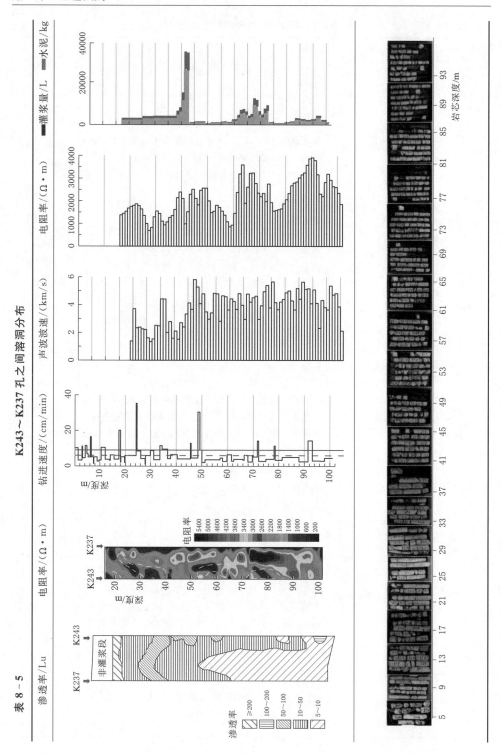

根据地层岩体信息、灌浆量和岩芯变化情况，该区域溶洞类型大致可分为连通型溶洞群、黏土充填封闭型溶洞/溶腔及岩石破碎带。同时该地区溶洞很少独立发育，而是多个溶洞之间相互串联，同时地层灌浆量主要由溶洞连通性、几何形状、大小等因素决定。

由表8-3和表8-5可知，通过数字钻进技术识别的地层岩溶分布都能被跨孔电阻率CT、钻孔声波法、压水试验和岩芯特征所验证。同时钻进速度与地层电阻率、声波波速和地层灌浆量之间有很强的非线性关系（图8-16），验证了基于数字钻进技术的地层岩体参数识别方法在岩溶地质条件探测的有效性较好。因此在岩溶地区修建工程缺少岩溶探测技术手段时，可在钻机上搭载数字钻进技术，并通过基于数字钻进技术的地层岩体参数识别方法可快速识别地层岩溶分布，为后续地层帷幕灌浆等提供技术指导。

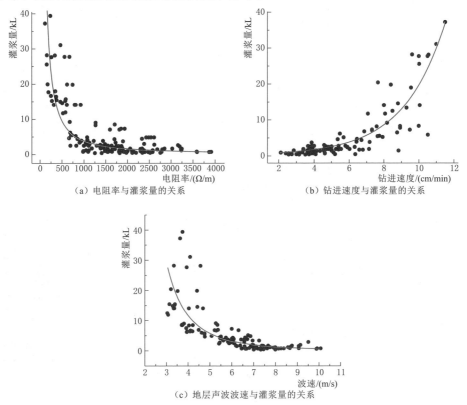

（a）电阻率与灌浆量的关系　　　（b）钻进速度与灌浆量的关系

（c）地层声波波速与灌浆量的关系

图8-16　岩溶区地层探测参数与灌浆量的关系

数字钻进技术和跨孔电阻率CT能相互验证探测结果，且各有优势。其中数字钻进技术优势在于确定沿钻孔分布的溶腔位置，评估地层岩体力学指标和灌浆过程中主要吃浆位置；跨孔电阻率CT在于确定钻孔之间的溶洞分布范围等，以及预估孔内灌浆量。

8.3　地层岩性识别评价——抚顺西露天矿

抚顺西露天矿位于抚顺煤田西部，浑河南岸，千台山北麓。宏伟的露天矿坑在国内外享有盛誉，至今已有140多个国家和地区的国际友人以及省内外各界人士来这里观光旅游，饱览十里煤海的雄姿。2004年7月，西露天矿被评为全国首批工业旅游示范点，已成为集自然景观和人文景观为一体的旅游胜地。与此同时抚顺西露天矿地区安全评价也成为关注的焦点，其中地层岩性识别是重要任务之一。

选取抚顺西露天矿FAK3钻孔作为工程实例，通过数字钻进技术实时监测钻进参数随钻孔深度的变化，并通过对比钻孔过程中切深斜率指数与钻孔岩芯对应关系验证切深斜率指数在实际工程中对地层岩性识别的有效性。其中选取FAK3钻孔24.3~27.5m段验证切深斜率指数在实际工程中的有效性，选取FAK3钻孔52.6~59.2m段解释切深斜率指数在实际工程中的应用。

图8-17为FAK3钻孔24.3~27.5m段钻进参数及岩芯随钻进深度的变化。由图可知该段钻进速度基本保持恒定，钻进轴压在50kN上下震荡，旋转转速恒定在440r/min，同时岩芯完整性基本保持不变，岩性统一为泥页岩，且通过室内单轴抗压强度试验发现，该孔24.3~27.5m段岩石抗压强度维持在11.5MPa，因此若该段轴压与钻头每旋转一圈的钻进深度保持呈正线性关系，即证明切深斜率指数在实际工程中的有效性。

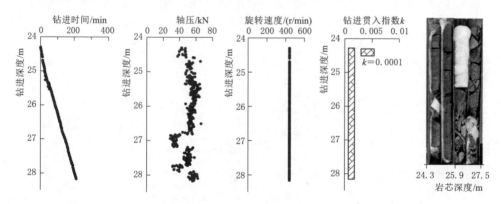

图8-17　FAK3钻孔24.3~27.5m段钻进参数及岩芯随钻进深度的变化

图8-18为FAK3钻孔24.3~27.5m段单钻钻进深度随轴压的变化。由图8-18可知，该段加载压力与钻头每旋转一圈的钻进深度的确呈正线性关系，即切深斜率指数保持恒定。

图8-19为FAK3钻孔52.6~59.2m段钻进参数及岩芯随钻进深度的变化。由

图 8 - 19 可知，该段钻进压力在 8～
60kN 之间变化，旋转转速在 40～440r/
min 之间变化。图 8 - 20 为该段单钻钻
进深度随轴压的变化，由图可知，该
段呈现出 3 种不同的切深斜率指数，
证明该段存在 3 种不同力学参数的岩
性（也可能是岩性相同，但完整性不
同导致岩体力学性质弱化）。根据切深
斜率指数沿钻孔深度的分布情况，可
绘制出切深斜率指数随钻进深度的变
化图，由此可知岩体岩性的分布情况。
通过对比由切深斜率指数识别的岩体

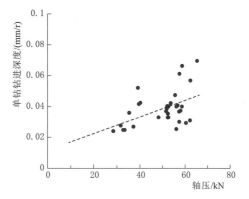

图 8 - 18　FAK3 钻孔 24.3～27.5m
段单钻钻进深度随轴压的变化

分布情况和实际岩芯分布，发现由切深斜率指数识别的岩体分布与实际沿孔的
岩体分布一致。

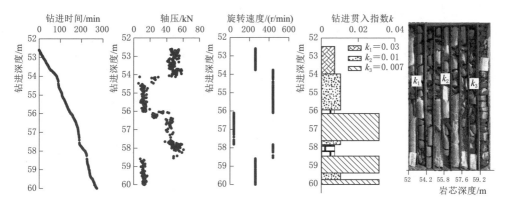

图 8 - 19　FAK3 钻孔 52.6～59.2m 段钻进参数及岩芯随钻进深度的变化

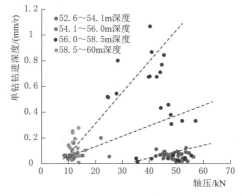

图 8 - 20　FAK3 钻孔 52.6～59.2m 段单钻钻进深度随轴压的变化

8.4 振冲碎石桩密实度检测——四川拉哇水电站

复杂地质条件下工程建设不可避免遇到特殊土地基，而"基础不牢，地动山摇"，合理可靠的地基处理是地上构筑物安全建设的先决条件。工程实践表明振冲碎石桩能显著提高地基承载力、加速固结排水，是应对松散、软弱地层的有效措施，一经推出就展现了巨大生命力，陆续在国内外重大工程中快速推广。

振冲碎石桩是利用水平振动振冲器将碎石挤振密实后形成桩体（图8-21），其密实度与填料量、留振时间和挤密遍数等密切相关，各工艺实际操作参数不可避免具有随机性，而桩体密实度控制却极为关键，否则将影响地基承载能力发挥和渗透性控制作用。碎石桩密实度常规检测方法是重型和超重型动力触探试验，即以贯入10cm桩体锤击数判断密实度。然而，动力触探杆长修正系数随检测深度的增加难以确定，规范仅提供20m深度的修正系数参考值。与此同时，由于工程迫切需求，振冲碎石桩在重大工程中陆续实践，例如，雅鲁藏布江下游水电开发将面对巨型河床深厚覆盖层，振冲碎石桩长可能超过百米级。然而，深部碎石桩密实度检测难致使工程面临严峻挑战，同样的技术难题也困扰着以色列阿什杜德港码头、港珠澳大桥和硬梁包水电站等工程。尽管研究者尝试引入瑞利波等地面物探技术扫描桩体，无奈随深度增加检测精度无法满足。岩土工程界对深部振冲碎石桩密实度检测难的痼疾仍束手无策，发展新型检测设备和方法迫在眉睫。

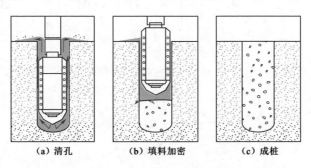

(a) 清孔　　　　**(b) 填料加密**　　　　**(c) 成桩**

图8-21　振冲碎石桩成桩过程

地质钻机在钻孔过程中钻具与岩体直接接触，钻进响应数据和岩体参数具有良好的对应性。数字钻进技术通过设置监测仪器记录随着深度变化的钻孔过程数据，近些年逐步实现了测定和分析工程地质体的力学性质，例如岩体完整性、强度和硬度等，其检测深度已经突破100 m，且能实现沿钻孔深度连续检测，克服传统动力触探仅能检测特征点的缺陷，因此，数字钻进技术有望能为深部振冲碎石桩密实度检测提供新设备和新思路。

本节探讨采用数字钻进技术开展不同密实度碎石桩数字钻进试验,提出特定钻速的概念和定义,并建立特定钻速和碎石桩密实度的关系;随后分析了特定钻速随钻进深度的演化规律,试验测定了深度修正系数,实质解决了深部桩体密实度难以定量评价的难题;以此为基础,将数字钻进技术应用到拉哇水电站深部振冲碎石桩密实度检测中,并将此方法与传统重型动力触探方法对比,得到数字钻进在深部振冲碎石桩密实度检测技术的特点和合理性。

8.4.1 振冲碎石桩密实度分析

为实现利用数字钻进技术评价振冲碎石桩密实度,研发了地质钻机数字钻进监测系统,见图8-22,该系统主要由数据自动采集仪、高精度数字传感器和数据解译程序构成。

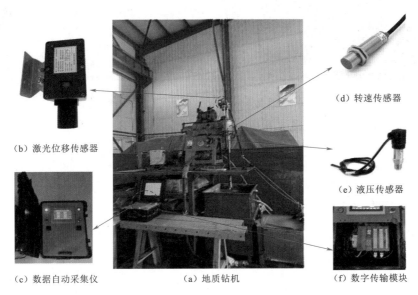

图8-22 地质钻机数字钻进监测系统布置图

安装激光位移传感器 [图8-22 (b)] 在地质钻机 [图8-22 (a)] 关键传动位置用于监测钻进位移 (s,mm),通过钻进时间-位移曲线可得到钻进速度,激光位移传感器靶向接收处设置在随钻杆移动的钻机磨盘上,其测量精度可达0.1mm。设定特殊标记在钻杆上,将转速传感器 [图8-22 (d)] 安装于距离标记10~12mm处,通过非接触式空气耦合装置传输数据信号,用于记录钻头旋转转速 (n,r/min)。液压传感器 [图8-22 (e)] 与钻机推进装置的输油管道相连接,用于监测油缸压强 (P,MPa)。数据自动采集仪 [图8-22 (c)] 内布置数字传输模块 [图8-22 (f)],通过网络云端实时采集钻进时间 (t,s)、钻进位移、钻头旋转转速和油缸压强等信息，数据采样时间间隔为 1s。记录数字钻进响应数据（t、s、n、P）后，绘制钻进位移-时间曲线，判定钻进响应信息与碎石桩密实度的映射关系，以形成密实度评价的新指标。

试验制作碎石桩所采用碎石料取自拉哇水电站深厚覆盖层基础处理工程，与工程用材料强度、级配和桩径均一致。碎石块饱和单轴抗压强度为 51MPa。级配方面，40～80mm 粒径碎石料占比约 55%、20～40mm 粒径碎石料占比约 38%，0～20mm 粒径碎石料含量低于 10%，含泥量低于 5%。

制作碎石桩步骤为：①将碎石料铺放入边长为 1m 铁箱体内；②分层挤压充填和锤击夯压碎石体［图 8－23（a）］；③制作碎石桩顶部钢筋支架；④顶部浇筑混凝土约束碎石桩［图 8－23（b）］。

（a）碎石桩分层充填和夯压　　　　　　　　（b）碎石桩顶部混凝土约束

图 8－23　碎石桩制作过程

共制作 8 组不同密实度的碎石桩，试验测得最大干密度为 2.31g/cm³、最小干密度为 1.53g/cm³，各组碎石桩密度和相对密度见表 8－6。依据《水电水利工程振冲法地基处理技术规范》（DL/T 5214），开展了重型动力触探试验，并根据 N63.5 锤击数判定密实度（表 8－6）。

表 8－6　　　　　　　　　　　　各组碎石桩物理参数

组号	密度/(g/cm³)	相对密度	锤击数	密实度
A	2.31	1.00	24	很密实
B	2.11	0.81	23	很密实
C	2.02	0.72	15	很密实
D	1.97	0.66	13	密实
E	1.96	0.65	10	密实
F	1.94	0.63	8	较密实
G	1.78	0.42	4	松散
H	1.64	0.20	2	松散

考虑到地质钻机数字钻进时钻头旋转转速、钻进压力和控制人员的操作模式均会对钻进过程产生影响，为此，试验预设油缸压强为 3.0MPa，钻头旋转转速为 120r/min，在钻机运行参数和人员操作等影响因素固定条件下开展了 8 组不同密实度碎石桩数字钻进试验。

自主研制的数据自动采集仪每间隔 1s 同步获取钻进过程中的钻进时间（t）、钻进位移（s）、油缸压强（P）和旋转转速（n），典型数据见图 8-24。钻进时间和位移曲线会随碎石块体分布不同发生波动，油缸压强和旋转转速分别接近 3MPa 和 120r/min，平均误差均小于 5%，满足预设要求。

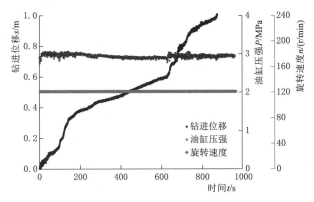

图 8-24　碎石桩数字钻进典型数据

1. 钻进过程曲线和特定钻速分析

金刚石取芯钻头在上部荷载和扭转力同时作用下压入和回转切削碎石桩（图 8-25），当切削力超过临界阈值时碎石被压裂和削断，产生大量剪切面后向钻进方向进尺。岩块强度相同时，碎石块体挤密程度决定了钻头切削难易程度，因此，碎石桩密实度与钻进速度密切相关。为建立数字钻进响应指标和碎石桩密实度的一一映射关系，定义钻进压力和旋转转速固定时的钻进速度为特定钻速（v，mm/s）。

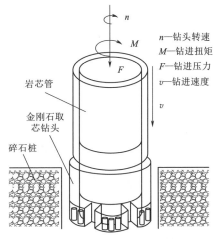

图 8-25　钻头破岩过程及受力特点

根据室内试验结果，绘制各组碎石桩钻进位移-时间曲线和特定钻速变化规律见图 8-26。因碎石桩各部位空隙分布不均，造成钻进过程中瞬时钻进速度差异化，为此，取时间-位移线的整体斜率为特定钻速。可明显看出，随着碎石桩密实度降低，曲线整体逐渐陡倾，也即特定钻速相应增加。当碎石桩密度为 $2.31g/cm^3$ 时，对应特定钻速为 $0.634mm/s$，见表 8-7；而碎石桩密度降低至 70.9%（$1.64g/cm^3$）时，v 陡升至 $16.212mm/s$，二者相差 25.6 倍。由此可见，特定钻速对碎石体密实度具有高度的敏感性，为评价碎石桩密实度提供了新思路。

表 8-7　　　　　　　　各组碎石桩对应的特定钻速

组号	A	B	C	D	E	F	G	H
特定钻速/(mm/s)	0.634	0.568	0.919	0.943	1.279	1.216	4.401	16.212

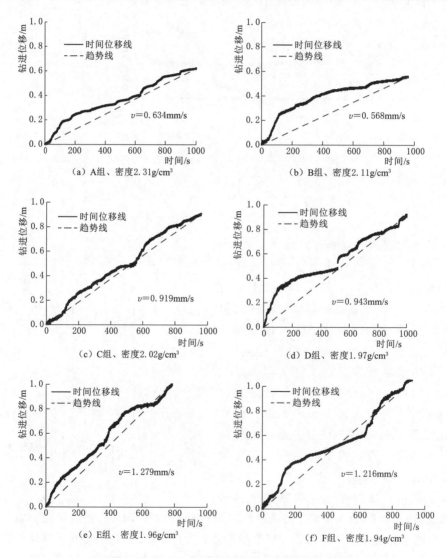

图 8-26（一）　各组碎石桩钻进位移-时间曲线

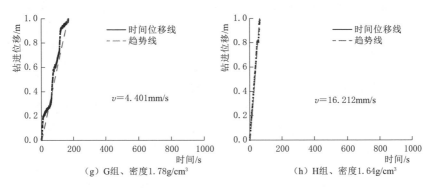

（g）G组、密度1.78g/cm³　　　　　　（h）H组、密度1.64g/cm³

图 8-26（二）　各组碎石桩钻进位移-时间曲线

2. 特定钻速与密实度关系分析

将碎石桩特定钻速与 N63.5 锤击数组成的离散点进行数据拟合，见图8-27，二者服从良好的幂函数关系，相关系数为 0.95。依据碎石桩标准要求的 N63.5 锤击数判定碎石桩密实度，随碎石桩密实度的增加，特定钻速表现为逐渐降低。由此可根据特定钻速测值划分振冲碎石桩密实度（图8-28），当 $v<0.8$mm/s 时桩体为很密实，$v=1.5$mm/s 是密实和较密实的分界线，当 $v>2.4$mm/s 时桩体为松散。

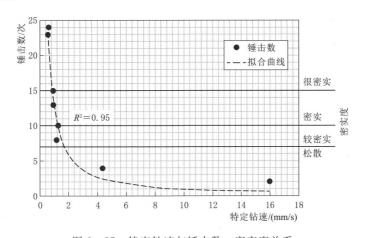

图 8-27　特定钻速与锤击数、密实度关系

3. 检测深度对特定钻速的影响和滤除

浅部振冲碎石桩数字钻进检测时油缸压强决定了钻进压力值，而深部钻进压力值还受到钻杆自重和钻杆孔壁摩擦的影响，钻进压力 F 可表示为：

$$F=(PA+\widetilde{m}gh)\times(1-\mu) \tag{8-4}$$

式中：A 为钻机油缸作用面积，cm²；P 为钻机油缸压强，MPa；$\widetilde{m}$ 为单位长度钻杆质量，mg/m；g 为重力加速度，m/s^2；h 为钻进深度，m；μ 为钻杆与孔壁的摩擦系数。

对于碎石桩钻进一般采用金属套管保护孔壁，钻杆与孔壁摩擦可忽略，钻进压力可表示为：

$$F = PA + \widetilde{m}gh \qquad\qquad (8-5)$$

因此，即使油缸压强固定，深部振冲碎石桩检测钻进压力将随着深度持续增加（图 8-29）。为获取特定钻速，需滤除钻进压力的影响因素，也即检测深度。

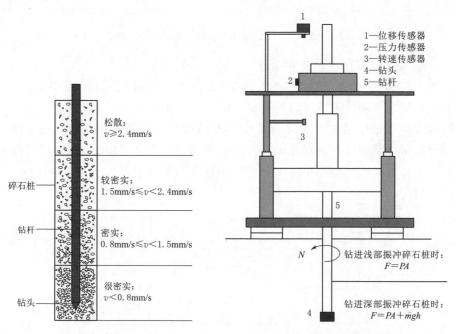

图 8-28　基于数字钻进振冲碎　　　　图 8-29　浅部和深部碎石桩
　　　　石桩密实度判定图　　　　　　　　　　　检测示意图

对于式（8-5），当 F 固定时，PA 和 $\widetilde{m}gh$ 明显是此消彼长的，数学逻辑上可互相转换，所以对于浅部桩体能通过提升 PA 值达到深部试验的效果，表示为：

$$\widetilde{m}gh = P_h A - P_0 A \qquad\qquad (8-6)$$

式中：h 为由油缸压强转换的检测深度，m；P_0 为检测深度为 0 时的油缸压强，MPa；P_h 为检测深度为 h 时的油缸压强，MPa。

由钻进试验得到检测深度和钻进速度的分布规律见图 8-30，二者呈现良好的指数函数关系，相关系数达到了 0.90。为滤除检测深度对 V 的影响，定义检测深度修正系数（k）为：

$$k = \frac{V'}{v} \qquad (8-7)$$

式中：V' 为受检测深度影响的钻进速度，mm/s。

根据图 8-30 的拟合曲线，可得到 k 值为：

$$k = 1.05e^{0.0016h} \qquad (8-8)$$

因此，对于深部振冲碎石桩仍可基于数字钻进检测采用特定钻速进行评价，对其进行深度修正后仍执行图 8-28 的判别标准。

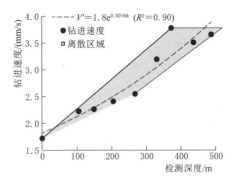

图 8-30 检测深度和钻进速度函数关系

8.4.2 拉哇水电站振冲碎石桩密实度分析

金沙江上游拉哇水电站处于川藏界河段，工程区河床覆盖层中堰塞湖相沉积物厚最大达 71m，地层具有抗剪强度弱、承载力低和渗透性大等鲜明特点，围堰工程填筑前采用振冲碎石桩进行地基加固处理（图 8-31），桩体深度一般是 30～70m，设计桩径为 0.6m。施工后现场采用重探 XY-2 型地质钻机平

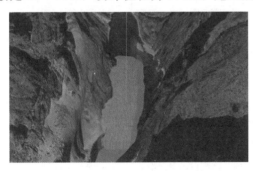

行开展 N63.5 重型动力触探试验和数字钻进检测振冲碎石桩密实度。

1. 典型振冲碎石桩密实度检测结果

基于数字钻进深部振冲碎石桩密实度检测典型数据见图 8-32，油缸压强 [图 8-32（b）] 和旋转转速 [图 8-32（d）] 分别固定在

图 8-31 拉哇水电站振冲碎石桩布置

3MPa 和 120r/min，钻进压力 [图 8-32（c）] 随检测加深逐渐增大。

从时间-位移曲线 [图 8-32（a）] 可看出，在深度 58.0～59.0m 段，曲线斜率相对平缓，表现为特定钻速 [图 8-32（e）] 较小，处于 0.35～0.75mm/s，根据判定标准，对应的振冲碎石桩状态为"很密实"。而在深度 60.25m 附近，时间-位移曲线倾陡，特定钻速达到 1.9mm/s，状态变为"较密实"。

在统计钻进速度时取 0.2m 的平均值 [图 8-32（e）]，各深度检测结果按层厚顺序列入表 8-8，可形成振冲碎石桩密实状态检测报表，能为施工质量评价提供直接支撑。此外，采用数字钻进检测，数据处理、桩身密实状态判别、检测报告等均自动运行，大大减少人工烦冗的工作量，也能克服人为主观因素或

失误，保证了检测的客观性。

表 8-8　　　　　　　　　　　　典型振冲碎石桩密实状态检测表

桩体深度/m	特定钻速/(mm/s)	密实度	桩体深度/m	特定钻速/(mm/s)	密实度
58.0～58.2	0.78	很密实	60.6～60.8	1.05	密实
58.2～58.4	0.62	很密实	60.8～61.0	0.67	很密实
58.4～58.8	0.40	很密实	61.0～61.2	0.69	很密实
58.8～59.0	0.33	很密实	61.2～61.4	1.27	密实
59.0～59.2	1.27	密实	61.4～61.6	0.68	很密实
59.2～59.4	1.08	密实	61.6～61.8	0.63	很密实
59.4～59.6	0.88	密实	61.8～62.0	0.97	密实
59.6～59.8	0.81	密实	62.0～62.2	0.94	密实
59.8～60.0	0.53	很密实	62.2～62.4	1.32	密实
60.0～60.2	0.82	密实	62.4～62.6	0.76	很密实
60.2～60.4	1.84	较密实	61.6～62.8	0.49	很密实
60.4～60.6	1.46	密实	62.8～63.0	1.37	密实

2. 数字钻进和动力触探方法检测对比

对于同一检测深度段，平行开展 N63.5 重型动力触探试验和数字钻进检测结果对比，分别按 10～20m、20～30m 和 30～40 m 检测深度绘制成散点图，见图 8-33。检测深度 20 m 以内时，平均锤击数修正值一般处于 20～40 之间，具有较好的区分度，特定钻速与平均锤击数修正值呈现良好的幂函数关系，曲线沿着 $v=0.5$ mm/s 处逐渐收敛。可见利用数字钻进技术和动力触探方法评价振冲碎石桩密实度均行之有效。

检测深度超过 20 m 时，平均锤击数修正值随深度增加整体减少，在散点图上宏观体现为拟合曲线向左偏移。检测深度 10～20m、20～30m 与 30～40 m 范围内平均锤击数依次为 28.8 次、24.1 次和 19.1 次。单从 N63.5 重型动力触探试验角度分析，得到的结论是振冲碎石桩随深度增大逐渐不密实，明显此结论有悖于常识，主要缘于深部振冲碎石桩重型动力触探试验杆长修正系数确定难，图 8-33 中的锤击数因修正过量导致数据偏小。与之相比，特定钻速基本都处于0.5～2.4mm/s，未因检测深度变化而呈现不良的数据偏移，因此检测结果具有良好的稳定性。

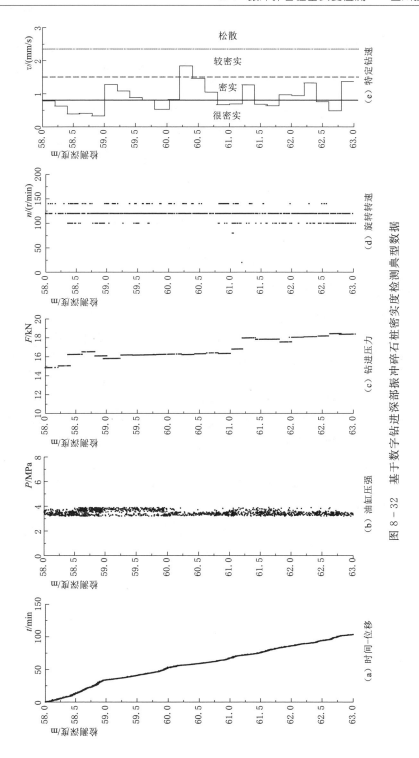

图 8 - 32 基于数字钻进深部振冲碎石桩密实度检测典型数据

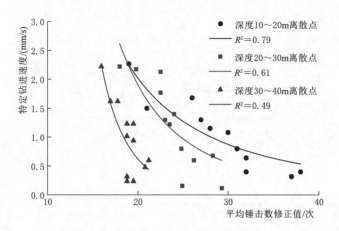

图 8-33　特定钻速与平均锤击数修正值对比

8.4.3　结论

为突破深部振冲碎石桩"需求大而检测难"的困境，提出了基于数字钻进振冲碎石桩密实度检测新方法。利用研制的数字钻进设备完成了室内试验，分析钻进过程曲线获得钻进响应数据特征，定义特定钻速指标，实现了与密实度定量映射，并在工程应用中验证了其合理性，主要结论如下。

（1）碎石块体挤密水平决定钻头切削难易程度，特定钻速对碎石桩密实度具有高度的敏感性，能将桩体分为"很密实、密实、较密实和松散"4 种状态，因而可发展为振冲碎石桩质量评价的新指标。

（2）试验揭示了钻进参数对特定钻速的影响规律，提出数字钻进检测深度修正系数，使特定钻速不会因检测深度变化而呈现不良数据偏移，而具有良好的稳定性，实现了 20 m 深度以下桩体的定量评价。

（3）数字钻进能克服传统重型动力触探单点检测缺陷而实现连续检测，且数据处理、状态判别和检测报告能实现自动化，减少了人工烦冗工作，保障检测的客观性。

参 考 文 献

曹瑞琅，王玉杰，赵宇飞，等，2021. 基于钻进过程指数定量评价岩体完整性原位试验研究 [J]. 岩土工程学报，43 (4)：679 - 687.

赖海辉，朱成忠，李夕兵，等，1991. 机械岩石破碎学 [M]. 长沙：中南工业大学出版社.

邱道宏，李术才，薛翊国，等，2014. 基于数字钻进技术和量子遗传-径向基函数神经网络的围岩类别超前识别技术研究 [J]. 岩土力学，35 (7)：2013 - 2018.

石智军，董书宁，姚宁平，等，2013. 煤矿井下近水平随钻测量定向钻进技术与装备 [J]. 煤炭科学技术，41 (3)：1 - 6.

石智军，李泉新，姚克，等，2019. 煤矿井下随钻测量定向钻进技术与装备 [M]. 北京：科学出版社.

谭卓英，蔡美峰，岳中琦，等，2006. 钻进参数用于香港复杂风化花岗岩地层的界面识别 [J]. 岩石力学与工程学报，25 (增刊 1)：2939 - 2945.

田昊，李术才，薛翊国，等，2012. 基于钻进能量理论的隧道凝灰岩地层界面识别及围岩分级方法 [J]. 岩土力学，33 (8)：2457 - 2464.

王琦，秦乾，高松，等，2018. 数字钻探随钻参数与岩石单轴抗压强度关系 [J]. 煤炭学报，43 (5)：1289 - 1295.

王琦，秦乾，高红科，等，2019. 基于数字钻探的岩石 c - ϕ 参数测试方法 [J]. 煤炭学报，44 (3)：916 - 923.

王玉杰，佘磊，赵宇飞，等，2020. 基于数字钻进技术的岩石强度参数测定试验研究 [J]. 岩土工程学报，42 (9)：1669 - 1678.

徐小荷，余静，1984. 岩石破碎学 [M]. 北京：煤炭工业出版社.

岳中琦，2014. 钻进过程监测（DPM）对工程岩体质量评价方法的完善与提升 [J]. 岩石力学与工程学报，33 (10)：1977 - 1996.

曾俊强，王玉杰，曹瑞琅，等，2017. 基于钻孔过程监测的花岗岩钻进比能研究 [J]. 水利水电技术，48 (4)：112 - 117.

Ando M，2001. Geological and geophysical studies of the Nojima fault from drilling：an outline of the Nojima fault zone probe [J]. The Island Arc，10 (3 - 4)：206 - 214.

Artsimovich G V，Poladko E N，Sveshnikov I A，1978. Investigation and development of rock - breaking tool for drilling [M]. Nauka，Russia：Novosibirsk Academic Publishing House.

Barton N R，Lien R，Lunde J，1974. Engineering classification of rock masses for the design of tunnel support [J]. Rock Mechanics and Rock Engineering，6 (4)：189 - 236.

Cao Ruilang，Feng Shangxin，2021. A combined method for the detection of unfavorable geology and soil caves during stratum grouting in karst terrains [J]. Soil Mechanics and Foundation Engineering，58 (4)：308 - 313.

Chiaia B，Borri - Brunetto M，Carpinteri A，2013. Mathematical modelling of the mechanics of core drilling in geomaterials [J]. Machining ence & Technology，17 (1)：1 - 25.

Feng Shangxin, Wang Yujie, Zhang Guolai, et al., 2020. Estimation of optimal drilling efficiency and rock strength by using controllable drilling parameters in rotary non – percussive drilling [J]. Journal of Petroleum Science and Engineering, 193: 1 – 9.

Feng Shangxin, ZhaoYufei, WangYujie, et al., 2020. A comprehensive approach to karst identification and groutability evaluation – A case study of the Dehou reservoir, SW China [J]. Engineering Geology, 265 (5): 1 – 14.

Fillion M, Hadjigeorgiou J, 2009. Quantifying influence of drilling additional boreholes on quality of geological model [J]. Canadian Geotechnical Journal, 56: 347 – 363.

Gui M W, Soga K, Bolton M D, et al., 2002. Instrumented borehole drilling for subsurface investigation [J]. Journal of Geotechnical and Geoenvironmental Engineering ASCE, 128 (4): 283 – 291.

Hardy M, 1973. Fracture mechanics applied to rock [D]. Minnesota, United States of America: University of Minnesota.

Harrison J P, 1999. Selection of the threshold value in RQD assessments [J]. International Journal of Rock Mechanics & Mining Sciences, 36 (5): 673 – 685.

Hegde C, Daigle H, Millwater H, et al., 2017. Analysis of rate of penetration (ROP) prediction in drilling using physics – based and data – driven models [J]. Journal of Petroleum Science and Engineering, 159 (9): 295 – 306.

Hoek E, 2015. Strength of jointed rock masses [J]. Geotechnique , 33 (3): 187 – 223.

Huang Z, Li G, 2018. Failure analysis of roller cone bit bearing based on mechanics and microstructure [J]. Journal of Failure Analysis and Prevention, 18 (2): 342 – 49.

Kalantari S, Baghbanan A, Hashemalhosseini H, 2019. An analytical model for estimating rock strength parameters from smallscale drilling data [J]. Journal of Rock Mechanics and Geotechnical Engineering, 11, 135 – 145.

Niu S, Zheng H, Yang Y, et al., 2018. Experimental study on the rock – breaking mechanism of disc – like hybrid bit [J]. Journal of Petroleum Science and Engineering, 161: 541 – 550.

Olson L, Samson C, Mckinnon S, 2015. 3 – D laser imaging of drill core for fracture detection and rock quality designation [J]. International Journal of Rock Mechanics and Mining Sciences, 73: 156 – 164.

Pessier R, Damschen M, 2011. Hybrid bits offer distinct advantages in selected roller – cone and PDC – Bit applications [J]. SPE Drilling and Completion, 26 (1): 96 – 103.

Poletto F, 2005. Energy balance of a drill – bit seismic source, part 1: rotary energy and radiation properties [J]. Geophysics, 70 (2): T13 – T28.

Saricam T, Ozturk H, 2018. Estimation of RQD by digital image analysis using a shadow – based method [J]. International Journal of Rock Mechanics and Mining Sciences, 112: 253 – 265.

Schunnesson, 1996. The drillability assessment of rocks using the different brittleness values [J]. Tunnelling & Underground Space Technology, 11 (3): 345 – 351.

Teale R, 1965. The concept of specific energy in rock drilling [J]. International Journal of Rock Mechanics and Mining Sciences and Geomechanics Abstracts, 2 (2): 57 – 73.

Wang J K, Lehnhoff T F, 1976. Bit penetration into rock – a finite elements study [J]. Int. J.

Rock Mech. Min. Sci., 13: 11 – 16.

Wang Yujie, Cao Ruilang, Lei She, et al., 2021. Evaluation of rock abrasiveness based on a digital drilling test [J]. Geotechnical Testing Journal, 44 (3): 811 – 823.

Yue Z Q, Lee C, Law K, et al., 2004. Automatic monitoring of rotary percussive drilling for ground characterization illustrated by a case example in Hong Kong [J]. International Journal of Rock Mechanics and Mining Sciences, 41 (4): 573 – 612.